普通高等教育“十一五”国家级规划教材

工程数学 数学物理方程

（第三版）

吉林大学数学学院　袁洪君　任长宇　主编

中国教育出版传媒集团
高等教育出版社·北京

内容提要

本书主要介绍了求解数学物理方程的经典解法,包括分离变量法、积分变换法、行波法、格林函数法、特殊函数法、变分法以及差分法,并详细叙述了它们的物理意义。本书最后一章,还介绍了偏微分方程的适定性理论。

本书特色鲜明,风格显著,体系合理,具有较强的可读性和广泛的应用性,可作为理工科非数学类专业高年级本科生和研究生的教材,也可供从事数学物理方程方面研究的科技工作者参考。

图书在版编目(CIP)数据

工程数学. 数学物理方程/袁洪君,任长宇主编. --3版. --北京:高等教育出版社,2022.8

ISBN 978-7-04-058553-7

Ⅰ.①工… Ⅱ.①袁… ②任… Ⅲ.①工程数学-高等学校-教材②数学物理方程-高等学校-教材 Ⅳ.①TB11②O175.24

中国版本图书馆CIP数据核字(2022)第061550号

Gongcheng Shuxue Shuxue Wuli Fangcheng

策划编辑 兰莹莹 朱 瑾　责任编辑 兰莹莹　封面设计 贺雅馨　版式设计 徐艳妮
责任绘图 杜晓丹　责任校对 陈 杨　责任印制 刘思涵

出版发行 高等教育出版社
社　　址 北京市西城区德外大街4号
邮政编码 100120
印　　刷 唐山市润丰印务有限公司
开　　本 787mm×960mm 1/16
印　　张 11.75
字　　数 210千字
购书热线 010-58581118
咨询电话 400-810-0598
网　　址 http://www.hep.edu.cn
　　　　 http://www.hep.com.cn
网上订购 http://www.hepmall.com.cn
　　　　 http://www.hepmall.com
　　　　 http://www.hepmall.cn
版　　次 2006年6月第1版
　　　　 2022年8月第3版
印　　次 2022年8月第1次印刷
定　　价 24.50元

物 料 号 58553-00

第三版前言

本教材第二版出版已有 6 年多了,在此期间,许多高校同行和读者对本教材给予了充分的肯定,也提出了一些宝贵的意见。随着数字化、网络化、大数据等当代信息科技的快速发展和广泛应用,课堂教学技术和教学方法都有了明显的改进和提升。为了适应当前教学形式的发展需求,我们对本教材进行再版修订。

本次修订,修正了第二版教材中存在的不当之处;对部分知识点作了详细解释;对个别习题的解答过程进行优化,使之更加准确和规范;增加配套数字资源,每章末配备的自测题,进一步丰富了习题内容,方便读者进行学习效果检验。

参加本教材第三版修订工作的有袁洪君(第一、二章)、任长宇(第三至九章),袁洪君主持全书的修订工作。

本教材的修订得到了吉林大学数学学院和高等教育出版社理科事业部数学与统计学分社的大力支持和帮助,吴晓俐女士承担本教材修订的编务工作,在此表示衷心的感谢。

由于编者水平有限,书中难免有疏漏和不妥之处,敬请广大读者批评指正,以期不断完善。

编　者

2021 年 11 月

第二版前言

本书自2006年出版以来,至今已有9年,得到了国内同行和广大读者的广泛认可和支持,2007年被列为普通高等教育“十一五”国家级规划教材。我们深知,一本好的教材,只有在教学实践过程中不断地充实更新,千锤百炼,才能在科学技术迅猛发展的时代满足读者的需要。借此再版之机,我们对本书第一版的内容作了如下修改:

1. 对全书的内容和文字作了进一步细致的审校、修改和充实,并适当补充了一些例题和注解。

2. 在第一章的小节3.1中增加了热传导方程的杜阿梅尔原理,在小节3.2中增加了弦振动方程的叠加原理。

3. 在第二章的§1中增加了齐次热传导方程的第一初边值问题,该节主要讨论第一初边值问题。在第二章的§2中增加了齐次弦振动方程的第二初边值问题,该节主要讨论第二初边值问题。

4. 将第二章§2中关于傅里叶积分的部分内容作了适当修改,移到第二章的§5中,并增加了傅里叶变换和拉普拉斯变换的部分内容。将§5中的内容分为傅里叶变换和拉普拉斯变换两个小节。

参加第二版修订的有袁洪君(第一、二章)、任长宇(第三至九章),袁洪君主持全书的修订工作。

本书的修订再版得到吉林大学数学学院和高等教育出版社数学分社的大力支持和帮助,吴晓俐女士承担本系列教材修订的编务工作,在此一并表示衷心的感谢。

由于编者水平有限,再加之时间仓促,书中难免还有一些错误和不妥之处,敬请读者批评指正。

编　者

2015年1月

第一版前言

随着计算机技术的发展,数学作为一种对实际问题模型化的方法和定量化处理信息的工具,形成了对自然科学、人文社会科学的发展起着重要推动作用的“数学技术”。这种技术的使用已经对社会的发展产生了巨大的经济效益。因此,大学数学的学习和教学越来越受到各学科的重视。理工科学生在完成微积分、线性代数和概率统计等基础数学课程的学习后,为了完成专业课程的学习,还必须学习数学物理方程等数学内容。

本书是吉林大学公共数学《工程数学》系列教材中的一册,不仅可以作为数学物理方程课程的独立教材,而且还可以作为理工科非数学专业本科生和研究生的参考书。

在本书的编写过程中我们作了以下几个方面的努力:

1. 体现现代数学方法。在注重数学物理方程的求解及其物理意义的同时,增加了“有限差分方法”等内容,以充实理工科学生的偏微分方程的现代研究方法。近年来,在工程力学中,“变分法”广泛而且有效地被应用,因此本书除了介绍一些经典的求解方法外,还增加了“变分法”在数学物理方程中的应用。同时,本书还体现了近些年迅猛发展和应用广泛的“偏微分方程适定性理论”的初步思想,并示范性地介绍了在工程中广泛使用的数学物理方程计算方法。

2. 建立后续数学方法的接口。在注重讲清数学方法的物理背景和意义的同时,还介绍了数学方法在实际问题中的应用前景和进一步的作用,为读者今后的学习、工作提供了方便。

3. 考虑专业应用和培养动手能力。为了增强适用性,本书充分体现偏微分方程的现代研究方法,列举了工程中的应用问题,提供了解决这些问题的数学思想,注意培养理工科学生的动手操作能力。

4. 系统性与简洁性相结合。在保持数学知识的系统性和严密性的同时,我们充分考虑了物理背景和应用前景的介绍。与此同时,在内容的选材和叙述方面,行文力求简洁明了。

在本书的编写过程中,得到了吉林大学教务处和数学学院的大力支持。李辉来教授、吴晓俐女士对本书的编写给予了热情的支持和帮助,王军林、孙鹏、郭颖、陈明杰和姜政毅承担了本书的排版和制图工作,在教材的试用过程中,孙鹏还提出了一些宝贵的意见,在此一并致谢。

李辉来教授承担了全书的审阅工作。

由于编者水平所限,书中的错误和不妥之处在所难免,恳请读者批评指正,以期不断完善。

编　者

2006 年 1 月

目录

第一章 数学物理方程概述

数学物理方程主要研究从物理学及其他各门自然科学、技术科学中产生的偏微分方程.这些方程以物理理论和实际作为基础和背景,反映了各个问题、模型内部各种物理量之间的制约关系,是连接数学与自然科学及工程技术领域之间的一个重要桥梁.本章首先列举几个典型的数学物理方程,使读者对数学物理方程有所认识;然后介绍三类典型方程的物理推导;最后阐述数学物理方程中的两个重要原理.

§1 偏微分方程举例和基本概念

1.1 偏微分方程举例

自然科学和工程技术中,种种运动的变化发展过程与平衡现象各自遵守一定的规律.这些规律都呈现在客观的时间和空间中,因此所研究的物理量一般都是多自变量的函数,而描述这些规律通常用关于某个或某些未知多元函数及其偏导数的数学方程式或方程组.方程中含有未知多元函数及其偏导数(也可仅含有偏导数)的方程称为**偏微分方程**.描述物理规律的偏微分方程称为**数学物理方程**.

例 1.1 反映某一物体在某一时刻其内部某一点处温度的热传导方程为

$$\frac{\partial u}{\partial t}=a^2\left(\frac{\partial^2 u}{\partial x^2}+\frac{\partial^2 u}{\partial y^2}+\frac{\partial^2 u}{\partial z^2}\right)+f(x,y,z,t), \tag{1.1}$$

其中表示温度的函数 $u=u(x,y,z,t)$ 是未知函数.

例 1.2 如果上述热传导过程温度不随时间而变化,那么描述这个定常物理过程的方程为

$$\frac{\partial^2 u}{\partial x^2}+\frac{\partial^2 u}{\partial y^2}+\frac{\partial^2 u}{\partial z^2}=f(x,y,z), \tag{1.2}$$

称之为泊松(Poisson)方程,它也可用来描述电场中的电势分布.

例 1.3 弦振动时,弦上某点 x 在 t 时刻的位移 $u=u(x,t)$ 所满足的方程为

$$\frac{\partial^2 u}{\partial t^2}=a^2\frac{\partial^2 u}{\partial x^2}. \tag{1.3}$$

例 1.4 梁的横振动方程为

$$\frac{\partial^2 u}{\partial t^2}+a^2\frac{\partial^4 u}{\partial x^4}=f(x,t). \tag{1.4}$$

例 1.5 在以给定的围线为边界的所有曲面中,面积最小的曲面 $u=u(x,y)$ 满足方程

$$\left[1+\left(\frac{\partial u}{\partial y}\right)^2\right]\frac{\partial^2 u}{\partial x^2}-2\frac{\partial u}{\partial x}\frac{\partial u}{\partial y}\frac{\partial^2 u}{\partial x\partial y}+\left[1+\left(\frac{\partial u}{\partial x}\right)^2\right]\frac{\partial^2 u}{\partial y^2}=0. \tag{1.5}$$

方程(1.5)称为极小曲面方程.

例 1.6 水波运动研究中,科尔泰沃赫(Korteweg)和德弗里斯(de Vries)建立的 KdV 方程为

$$\frac{\partial u}{\partial t}+cu\frac{\partial u}{\partial x}+\frac{\partial^3 u}{\partial x^3}=0. \tag{1.6}$$

方程(1.6)描述浅水波的单向运动现象,u 表示相对静止水面的高度,即波幅.

例 1.7 复变函数中,解析函数 $f(z)=u(x,y)+\mathrm{i}v(x,y)$ 的实部和虚部所满足的柯西-黎曼(Cauchy-Riemann)方程组为

$$\frac{\partial u}{\partial x}-\frac{\partial v}{\partial y}=0,\quad \frac{\partial v}{\partial x}+\frac{\partial u}{\partial y}=0. \tag{1.7}$$

例 1.8 气体动力学中,一维非定常等熵流的气体密度 ρ,流速 u 都是一维空间坐标 x 和时间 t 的二元函数,它们满足由连续性方程和动量方程所组成的方程组

$$\begin{cases}\dfrac{\partial \rho}{\partial t}+u\dfrac{\partial \rho}{\partial x}+\rho\dfrac{\partial u}{\partial x}=0,\\[2mm] \dfrac{\partial u}{\partial t}+u\dfrac{\partial u}{\partial x}+\dfrac{c^2}{\rho}\dfrac{\partial \rho}{\partial x}=0,\end{cases} \tag{1.8}$$

其中 $c=c(\rho)>0$ 为音速.

1.2 基本概念

设 u 是自变量 $x,y,\cdots$ 的未知函数,关于 u 的偏微分方程的一般形式是

$$F(x,y,\cdots,u,u_x,u_y,\cdots)=0, \tag{1.9}$$

其中 F 是关于变量 $x,y,\cdots,u,\cdots$ 的已知函数.作为偏微分方程,F 应含有未知函数 u 的某个偏导数.包含在偏微分方程中的未知函数的偏导数的最高阶数称为**方程的阶**.若一个偏微分方程关于未知函数及其所有偏导数都是线性的,即满足

$$F(u,Au)=F(u_1,Au_1)+F(u_2,Au_2)=0,$$

其中 $u=u_1+u_2$,A 为偏微分算子,则称此方程为**线性偏微分方程**,如(1.1)(1.2);否则称之为**非线性偏微分方程**,如(1.5);若方程关于其所有最高阶偏导数都是线性的,而其系数不含有未知多元函数及其低阶偏导数,则称之为**半线性偏微分方程**,如(1.6);若方程关于其最高阶偏导数都是线性的,但最高阶偏导数的系数依赖于未知函数及其低阶偏导数,则称之为**拟线性偏微分方程**,例 1.8 的方程组可称之为一阶拟线性偏微分方程组.

在线性偏微分方程中,不含未知函数及其偏导数的非零项称为**非齐次项**,而含有该非齐次项的方程称之为**非齐次方程**,如(1.1)(1.2),反之不含非齐次项的方程称之为**齐次方程**,如(1.3).

所谓一个 m 阶偏微分方程在某区域内的**(古典)解**,是指这样的函数:它有直到 m 阶的一切偏导数,且本身和这些偏导数都连续,将它及其偏导数替代方程中的未知函数及其对应的偏导数后,这个方程对其全体自变量在该区域内成为一个恒等式.

和常微分方程一样,一个偏微分方程的解通常有无穷多个,而每个解都表示一个特定的运动过程.为了从这无穷多个解中找出一个我们所研究的具体实际问题要求的解,必须考虑研究对象所处的周围环境和初始时刻的状态等其他因素对解产生的影响,从而通过在这些方面的考虑,得到一些已知条件.这样就有可能确定出一个特定解,这个解既满足方程本身又满足我们在考虑各种影响因素时所建立起来的条件.我们把这样的已知条件称为**定解条件**.定解条件联立方程称之为**定解问题**.当然,并不是每个定解问题都有解.

§2 方程及定解问题的物理推导

这一节,我们将通过三个不同的物理模型推导出数学物理方程中三类典型的方程及其定解问题.这三类定解问题也是本书的主要研究对象.

2.1 弦振动方程

物理模型 如图 1.1,设有一根拉紧的均匀柔软细弦 OA,其线密度(单位长

度的质量)为常数 ρ,长为 l,两端被固定在 O,A 两点,且在单位长度上受到垂直于 OA 向上的力 F 作用.当它在平衡位置(取为 x 轴)附近作垂直于 OA 方向的微小横向振动时,求弦上各点的运动规律.

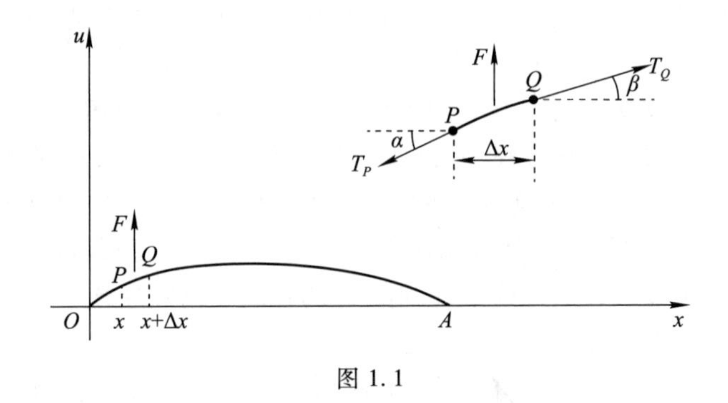

图 1.1

所谓“微小”是指振动的幅度及弦在任意位置处切线的倾角都很小,即弦在偏离平衡位置后,弦上任何一点的斜率远小于 1.所谓“横向”是指全部运动出现在一个平面上,而且弦上的点沿垂直于 x 轴的方向运动.为了建立方程,我们选择如图所示的坐标系,并以 $u(x,t)$ 表示弦上 x 点处在 t 时刻沿垂直于 x 轴方向的位移.先任意选取很小一段弦$\widehat{PQ}$,由于横向振动是微小的,故可认为弦在振动过程中并未伸长,即弧长$\widehat{PQ}$等于 Δx,则弦所受的张力大小恒为常数 T,即它与位置 x 和时间 t 均无关①.弦是柔软的,表示各点处的张力方向总是沿着弦的切线方向.

分析清楚这些情况之后,依据牛顿(Newton)第二定律,我们将要建立一个关于位移 $u(x,t)$ 的方程(组).先看弦上的受力分析:

(1) 作用在 P 点的张力 T_P 在 u 轴方向的分力为 $T\sin\alpha$;

(2) 作用在 Q 点的张力 T_Q 在 u 轴方向的分力为 $T\sin\beta$;

(3) 作用在$\widehat{PQ}$上,垂直于 x 轴的外力为 $F\Delta x$,其中 $F=F(x,t)$ 是在 x 处的外

---

① 在所设条件下,可以证明 $T(x,t)\equiv$常数.事实上,依据弦段$\widehat{PQ}$在 x 方向上力的平衡方程 $-T(x,t)\cos\alpha+T(x+\Delta x,t)\cos\beta=0$ 以及 $|u_x|\ll 1$,得

$$\cos\alpha=\frac{1}{\sqrt{1+\tan^2\alpha}}=\frac{1}{\sqrt{1+u_x^2}}\approx 1,$$

由此可见,$T(x,t)$不依赖于 x.还因为弦在振动过程中的长度

$$s=\int_0^l\sqrt{1+u_x^2}\,\mathrm{d}x\approx l,$$

即弦在振动过程中并未伸长,由此应用胡克(Hooke)定律可知,弦上每点张力 T 的数值不随时间而变.

力线密度.

由牛顿第二定律可得

$$T\sin\beta - T\sin\alpha + F\Delta x = \rho\Delta x u_{tt}, \tag{2.1}$$

又 $\tan\alpha = u_x$,故

$$\sin\alpha = \frac{\tan\alpha}{\sqrt{1+\tan^2\alpha}} = \frac{u_x}{\sqrt{1+u_x^2}}.$$

由于弦作微小振动,$u_x \ll 1$,即 u_x 对于 1 来说可以忽略不计,则

$$\sin\alpha \approx u_x(x,t),$$

同理有

$$\sin\beta \approx u_x(x+\Delta x,t),$$

代入(2.1)可得

$$Tu_x(x+\Delta x,t) - Tu_x(x,t) + F\Delta x = \rho\Delta x u_{tt},$$

应用微分中值定理可得

$$Tu_{xx}(\xi,t)\Delta x + F\Delta x = \rho\Delta x u_{tt},$$

其中 $\xi \in (x,x+\Delta x)$.先约去等式中的 Δx,再令 $\Delta x \to 0$,则 $\xi \to x$,即上式可写为

$$Tu_{xx}(x,t) + F = \rho u_{tt},$$

可化简为

$$u_{tt} = a^2 u_{xx} + f, \tag{2.2}$$

其中 $a^2 = \dfrac{T}{\rho}, f = \dfrac{F}{\rho}$.

方程(2.2)称为弦的**强迫横振动方程**.若外力消失,即 $F=0$,则方程(2.2)变为

$$u_{tt} = a^2 u_{xx}, \tag{2.3}$$

方程(2.3)称为弦的**自由横振动方程**.

注 虽然我们称(2.2)和(2.3)为弦振动方程,但在力学上,弹性杆的纵振动、管道中气体小扰动的传播以及电报方程等问题,都可以归结成上述偏微分方程(2.2)(2.3)的形式,只是其中的未知函数表示的物理意义有所不同.因此,同一个方程所反映的不只是一个物理现象,而是一类物理现象.

2.2 薄膜平衡方程

物理模型 将均匀柔软的薄膜张紧于微翘的固定框架上,除膜自身的重力作用外,无其他外力作用.由于框架的微翘,薄膜形成一曲面.求静态薄膜上各点的横向位移.

一片展平的薄膜,其厚度可忽略,设其所在的平面为 Oxy 坐标面,垂直于

Oxy 面的方向称为薄膜的横向.再设薄膜的面密度为常数 ρ,薄膜所形成的曲面方程为 $u=u(x,y)$(如图 1.2).

用分别平行于 Oux 与 Oyu 坐标面的平面任意截取薄膜微元 $PQRS$,它在 Oxy 坐标面上的投影为四边分别平行于对应坐标轴的矩形 $P'Q'R'S'$,其顶点坐标分别为(x,y),$(x+\Delta x,y)$,$(x+\Delta x,y+\Delta y)$,$(x,y+\Delta y)$(如图 1.3).

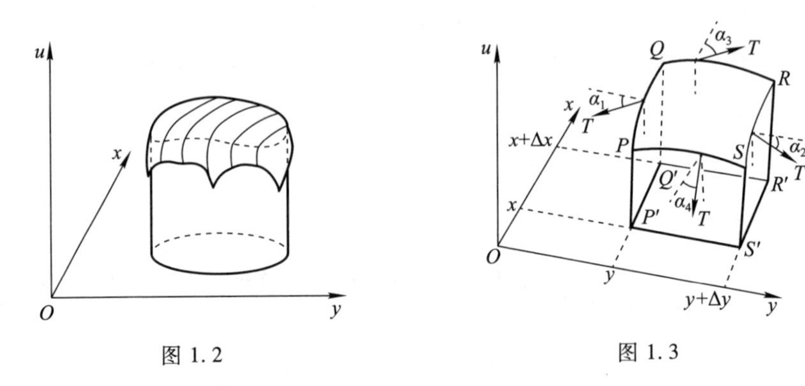

图 1.2　　　　图 1.3

微元各边缘(空间曲线)的两侧薄膜之间互有拉力,沿边缘单位长度上的拉力称为张力密度,记作 T.在微翘的假设下,可以近似地认为张力密度 T 是常数(见参考文献[3]).根据物理学定律可知,边缘上任一点处的张力密度 T 的方向是在该点处的薄膜切平面内,且垂直于边缘(即在该点处的边缘法平面内).在薄膜平衡状态下,各作用力之间的关系沿位移 u 方向的张力和重力的合力等于零.对于薄膜的任一微元都是如此.

设 $\alpha_1,\alpha_2,\alpha_3,\alpha_4$ 分别为$\widehat{PQ}$,$\widehat{RS}$,$\widehat{QR}$,$\widehat{SP}$四边上的张力密度 T 与水平面所成的锐角,由于薄膜微翘,因此

$$\alpha_1\ll 1,\quad \alpha_2\ll 1,\quad \alpha_3\ll 1,\quad \alpha_4\ll 1,$$

$$|\widehat{PQ}|\approx|\widehat{RS}|\approx\Delta x,\quad |\widehat{QR}|\approx|\widehat{SP}|\approx\Delta y.$$

M 为边缘$\widehat{RS}$上的点,N 为边缘$\widehat{PQ}$上的点,作用在边缘$\widehat{PQ}$与$\widehat{RS}$上的张力沿 u 方向的合力为(如图 1.4)

$$\begin{aligned}&(T\sin\alpha_2-T\sin\alpha_1)\Delta x\\ \approx\ &T(\tan\alpha_2-\tan\alpha_1)\Delta x\\ =\ &T(u_y|_{y+\Delta y}-u_y|_y)\Delta x\\ \approx\ &Tu_{yy}\Delta y\Delta x.\end{aligned}$$

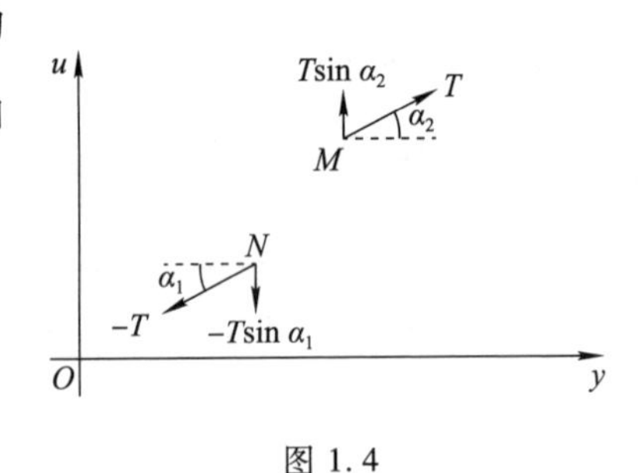

图 1.4

同理可得,作用在边缘$\widehat{QR}$与$\widehat{SP}$上的张力沿 u 方向的合力为 $Tu_{xx}\Delta x\Delta y$.微元质量 $m=\rho\Delta\sigma\approx\rho\Delta x\Delta y$,其中 $\Delta\sigma$ 为微元面积.由微元力的平衡关系可得

$$T(u_{xx}+u_{yy})\Delta x\Delta y-\rho g\Delta x\Delta y=0,$$

即

$$u_{xx}+u_{yy}=\frac{\rho g}{T},$$

令 $f=\frac{\rho g}{T}$,得到

$$u_{xx}+u_{yy}=f. \tag{2.4}$$

这就是微翘的**薄膜平衡方程**.

一般地,我们称形如

$$u_{xx}+u_{yy}=f(x,y) \tag{2.5}$$

的方程为**二维泊松方程**.

若薄膜自身的重力可忽略,即 $\rho=0$,则 $f=0$.这时方程(2.5)化为

$$u_{xx}+u_{yy}=0, \tag{2.6}$$

称之为**二维拉普拉斯(Laplace)方程**(或**二维调和方程**).

在三维空间中,相应的方程为

$$\frac{\partial^2 u}{\partial x^2}+\frac{\partial^2 u}{\partial y^2}+\frac{\partial^2 u}{\partial z^2}=f(x,y,z), \tag{2.7}$$

当 $f(x,y,z)\equiv 0$ 时,为

$$\frac{\partial^2 u}{\partial x^2}+\frac{\partial^2 u}{\partial y^2}+\frac{\partial^2 u}{\partial z^2}=0, \tag{2.8}$$

方程(2.7)和(2.8)分别称为**三维泊松方程**和**三维拉普拉斯方程**(**三维调和方程**).

在数学、物理学与工程技术理论中有很多典型问题都归结为求泊松方程或拉普拉斯方程的解,如热传导问题中定常温度分布、静电场的电势分布、不可压缩流体的定常无旋流场的速度位势等问题.

2.3 热传导方程

物理模型 设有一个导热物体,当此导热物体内各处的温度不一致时,热量会从高温处向低温处传递,试确定物体内部温度的分布规律.

设导热物体在 $\mathbf{R}^3$ 空间内占据的区域为 G,边界面为 ∂G,用函数 $u(x,y,z,t)$ 表示导热物体内部 (x,y,z) 点处在 t 时刻的温度.我们将建立温度函数 $u(x,y,z,t)$ 所满足的方程.

为了简便，不妨以固体为例.在物体 G 内任意割取一个由光滑闭曲面 S 所围成的区域 D，作为我们的研究对象.在建立方程之前，应先了解下面两个基本的热力学定律：

1. **热量守恒定律**　D 内各点的温度由任一时刻 t_1 的温度 $u(x,y,z,t_1)$ 变化到 t_2 时刻的温度 $u(x,y,z,t_2)$ 所吸收(或放出)的热量 Q_1，恰好等于从 t_1 到 t_2 这段时间内进入(或流出) D 的热量 Q_2 和热源提供(或吸收)的热量 Q_3 的总和，即

$$Q_1(\text{温度升高})=Q_2(\text{吸收})+Q_3(\text{热源}). \tag{2.9}$$

2. **热传导定律**　热流强度 q(单位时间内通过单位界面流进物体的热量)与温度 u 沿界面外法向量 $\boldsymbol{n}$ 的变化率(温度的梯度) $\dfrac{\partial u}{\partial n}$ 成正比，即 $q=k\dfrac{\partial u}{\partial n}$，其中 k 为热传导系数.对于均匀物体，k 为常数.

下面我们将依次求出(2.9)中的 Q_1,Q_2,Q_3.

(1) D 内温度改变所需要的热量 Q_1

设物体 G 的比热(使单位质量的物体温度改变 1 ℃吸收或放出的热量)为 $c=c(x,y,z)$，密度为 $\rho=\rho(x,y,z)$，那么包含点 (x,y,z) 的体积微元 $\mathrm{d}V$ 的温度从 $u(x,y,z,t_1)$ 变化到 $u(x,y,z,t_2)$ 所需要的热量是

$$c\rho[u(x,y,z,t_2)-u(x,y,z,t_1)]\mathrm{d}V,$$

整个区域 D 由于温度的改变所需要的热量是

$$Q_1=\iiint_D c\rho[u(x,y,z,t_2)-u(x,y,z,t_1)]\mathrm{d}V, \tag{2.10}$$

由牛顿-莱布尼茨(Newton-Leibniz)公式，可知

$$u(x,y,z,t_2)-u(x,y,z,t_1)=\int_{t_1}^{t_2}\frac{\partial u}{\partial t}\mathrm{d}t,$$

于是，(2.10)可改写为

$$Q_1=\iiint_D c\rho\int_{t_1}^{t_2}\frac{\partial u}{\partial t}\mathrm{d}t\mathrm{d}V=\int_{t_1}^{t_2}\left[\iiint_D c\rho\frac{\partial u}{\partial t}\mathrm{d}V\right]\mathrm{d}t \tag{2.11}$$

(在这里我们假定交换积分顺序是合理的).

(2) 通过 S 进入 D 内的热量 Q_2

设曲面微元 $\mathrm{d}S$ 的法向量为 $\boldsymbol{n}$.由热传导定律，在 $\mathrm{d}t$ 时间段内通过 $\mathrm{d}S$ 流向 $\boldsymbol{n}$ 所指那一侧的热量为

$$\mathrm{d}Q=-k\frac{\partial u}{\partial n}\mathrm{d}S\mathrm{d}t.$$

上式中负号的出现是由于热量从温度高的地方流向温度低的地方.例如当 $\dfrac{\partial u}{\partial n}>0$

时,表示物体的温度沿着 $\boldsymbol{n}$ 的方向增大,上式表明,向 $\boldsymbol{n}$ 的方向流动的热量是负值,实际上热量是向 $-\boldsymbol{n}$ 的方向流去.

设在光滑闭曲面 S 上确定了一连续变动的单位外法向量 $\boldsymbol{n}$,则从 t_1 到 t_2 这段时间内通过 S 进入 D 的热量为

$$Q_2=\int_{t_1}^{t_2}\left[\iint_S k\frac{\partial u}{\partial n}\mathrm{d}S\right]\mathrm{d}t,$$

由奥-高公式(可参阅本书第四章 § 2),可得

$$Q_2=\int_{t_1}^{t_2}\left\{\iiint_D\left[\frac{\partial}{\partial x}\left(k\frac{\partial u}{\partial x}\right)+\frac{\partial}{\partial y}\left(k\frac{\partial u}{\partial y}\right)+\frac{\partial}{\partial z}\left(k\frac{\partial u}{\partial z}\right)\right]\mathrm{d}V\right\}\mathrm{d}t. \tag{2.12}$$

(3) 热源提供的热量 Q_3

除了外界对物体进行热交换外,有时物体本身就是一个热源,如混凝土硬化会放出大量的水化热,导体内有电流通过或物体内有化学反应等都会产生热量.设 $F(x,y,z,t)$ 表示热源强度,即单位时间从单位体积内放出的热量,则从 t_1 到 t_2 时间内,D 内热源提供的热量为

$$Q_3=\int_{t_1}^{t_2}\left[\iiint_D F(x,y,z,t)\mathrm{d}V\right]\mathrm{d}t. \tag{2.13}$$

至此,我们分别求出了 Q_1,Q_2,Q_3 的积分表达式(2.11)(2.12)和(2.13),把它们代入(2.9)可得

$$\int_{t_1}^{t_2}\left[\iiint_D c\rho\frac{\partial u}{\partial t}\mathrm{d}V\right]\mathrm{d}t=\int_{t_1}^{t_2}\left\{\iiint_D\left[\frac{\partial}{\partial x}\left(k\frac{\partial u}{\partial x}\right)+\frac{\partial}{\partial y}\left(k\frac{\partial u}{\partial y}\right)+\frac{\partial}{\partial z}\left(k\frac{\partial u}{\partial z}\right)\right]\mathrm{d}V\right\}\mathrm{d}t+\int_{t_1}^{t_2}\left[\iiint_D F(x,y,z,t)\mathrm{d}V\right]\mathrm{d}t,$$

即

$$\int_{t_1}^{t_2}\left\{\iiint_D\left[c\rho\frac{\partial u}{\partial t}-\frac{\partial}{\partial x}\left(k\frac{\partial u}{\partial x}\right)-\frac{\partial}{\partial y}\left(k\frac{\partial u}{\partial y}\right)-\frac{\partial}{\partial z}\left(k\frac{\partial u}{\partial z}\right)-F(x,y,z,t)\right]\mathrm{d}V\right\}\mathrm{d}t=0.$$

由 t_1,t_2 和区域 D 的任意性,可得

$$c\rho\frac{\partial u}{\partial t}=\frac{\partial}{\partial x}\left(k\frac{\partial u}{\partial x}\right)+\frac{\partial}{\partial y}\left(k\frac{\partial u}{\partial y}\right)+\frac{\partial}{\partial z}\left(k\frac{\partial u}{\partial z}\right)+F(x,y,z,t). \tag{2.14}$$

当导热物体质料均匀时,k 为常数.则(2.14)可写为

$$\frac{\partial u}{\partial t}=a^2\Delta u+f(x,y,z,t), \tag{2.15}$$

其中 $a^2=\dfrac{k}{c\rho}$,$f(x,y,z,t)=\dfrac{1}{c\rho}F(x,y,z,t)$,$\Delta$ 为拉普拉斯算子,即

$$\Delta=\frac{\partial^2}{\partial x^2}+\frac{\partial^2}{\partial y^2}+\frac{\partial^2}{\partial z^2}.$$

方程(2.15)称为**热传导方程**.

2.4　定解条件和定解问题

1. 定解条件

在前面三个典型方程的推导过程中,我们总是选取物体内部不包含端点或者边界的微元进行讨论,从而导出方程.因此所得到的方程只反映物体内部的运动变化规律,不包含任何边界信息.从物理角度看,物体的运动与起始状态以及通过边界所受到的外界作用有关,仅有方程还不足以确定物体的运动.从数学角度看,对于一个偏微分方程,一般它有无穷多个解,每个解都表示一个特定的运动过程.那么如何找到我们所研究的这个特定的运动过程所对应的解呢?

为此,我们要对方程附加一些特定的条件来刻画我们所研究物体的运动过程,通过这样的附加条件来确定我们所要的特定解.

我们称这种附加条件为**定解条件**.定解条件通常被分为初值条件和边值条件两大类.**初值条件**是描述运动过程在开始时刻(可设为 $t=0$)介质内部及边界上任一点的状态.**边值条件**是描述此过程中边界上各点在任一时刻的状态.

下面以三个典型方程为例分别介绍它们的初值条件和边值条件.先介绍初值条件.对于弦振动方程而言,初值条件是指弦在初始时刻的位移和速度,分别用 $\varphi(x)$ 和 $\psi(x)$ 表示,即

$$u\big|_{t=0}=\varphi(x),\quad \frac{\partial u}{\partial t}\bigg|_{t=0}=\psi(x),\quad 0\leqslant x\leqslant l. \tag{2.16}$$

对于热传导方程而言,由于方程中未知函数 $u(x,y,z,t)$ 关于 t 的最高阶导数为 1,则只需给出一个初值条件,即初始时刻的温度

$$u\big|_{t=0}=\varphi(x,y,z),\quad (x,y,z)\in D. \tag{2.17}$$

对于泊松方程和拉普拉斯方程,描述的都是恒温状态,与初始状态无关,因此,无须给出初值条件.

边值条件的形式较初值条件要多样一些.还是先从弦振动方程开始,由物理学可知,弦的端点所受的约束情况,通常有以下三种类型:

(1) 固定端(第一边值条件),即弦的两个端点被固定,则边值条件为

$$u\big|_{x=0}=0,\quad u\big|_{x=l}=0,\quad t\geqslant 0. \tag{2.18}$$

(2) 自由端(第二边值条件),即弦在这个端点可以沿着垂直于 x 轴的直线上自由滑动,从而在这条直线的方向上,弦的这个端点所受的张力分量为零.此时所对应的边值条件为(不妨设 $x=0$ 端为自由端)

$$T\sin\alpha\big|_{x=0}\approx T\tan\alpha\big|_{x=0}=T\frac{\partial u}{\partial x}\bigg|_{x=0}=0,$$

即

$$\frac{\partial u}{\partial x}\bigg|_{x=0}=0.$$

相应地,右端点($x=l$)的边值条件为

$$\frac{\partial u}{\partial x}\bigg|_{x=l}=0.$$

(3) 弹性支承端(第三边值条件),即弦的一端固定在弹性支承上,弹性支承的应变,满足胡克定律.如果弹性支承原来的位置为 $u=0$,那么 u 在端点的值表示弹性支承在该点的伸缩长度.由胡克定律,这时弦在此端点处沿位移方向的张力 $T\dfrac{\partial u}{\partial x}$应该等于$-ku$,即

$$T\frac{\partial u}{\partial x}\bigg|_{x=0}=-ku\big|_{x=0},\quad T\frac{\partial u}{\partial x}\bigg|_{x=l}=-ku\big|_{x=l},$$

或

$$\left(\frac{\partial u}{\partial x}+\sigma u\right)\bigg|_{x=0}=0,\quad \left(\frac{\partial u}{\partial x}+\sigma u\right)\bigg|_{x=l}=0,$$

其中 k 为弹性体的劲度系数,$\sigma=k/T$.

对于热传导方程的边值条件,与弦振动方程是类似的.如(2.15)的推导过程所设,S 是物体 D 的边界,若在导热过程中边界 S 的温度为已知函数 $\psi(x,y,z,t)$,则边值条件为

$$u\big|_S=\psi(x,y,z,t),\quad (x,y,z)\in S,t\geqslant 0.$$

若在导热过程中,单位时间内通过单位面积边界面流入的热量已知.由热传导定律,则此时的边值条件为

$$k\frac{\partial u}{\partial n}\bigg|_S=\psi(x,y,z,t),$$

即

$$\frac{\partial u}{\partial n}\bigg|_S=\frac{1}{k}\psi(x,y,z,t),\quad (x,y,z)\in S,t\geqslant 0,$$

其中$\dfrac{\partial}{\partial n}$称为法向微商,表示梯度向量在外法线方向上的投影,

$$\frac{\partial u}{\partial n}=\boldsymbol{n}\cdot\nabla u.$$

若边界面绝热,即 $\psi(x,y,z,t)=0$,则

$$\left.\frac{\partial u}{\partial n}\right|_S=0,\quad (x,y,z)\in S,t\geqslant 0.$$

若在导热过程中,物体外界的温度保持不变,设为 u_1,且通过边界面与物体发生热交换,则由牛顿冷却定律:在单位时间内,从物体表面单位面积中流向物体内部的热量 q,同物体外表面的温度 $u|_S$ 与外界在物体表面处的温度 u_1 之差成正比.设比例系数为 H,则此时的边值条件为

$$q=-k\left.\frac{\partial u}{\partial n}\right|_S=H(u|_S-u_1),$$

即

$$\left.\left(\frac{\partial u}{\partial n}+hu\right)\right|_S=hu_1,\quad (x,y,z)\in S,t\geqslant 0,$$

其中 $h=\dfrac{H}{k}$.

概括起来,边值条件有以下三种类型:

一是在边界 S 上直接给出未知函数 u 的数值,即

$$u|_S=f_1. \tag{2.19}$$

这种形式的边值条件称为**第一边值条件**.

二是在边界 S 上给出未知函数 u 沿 S 外法线方向的方向导数,即

$$\left.\frac{\partial u}{\partial n}\right|_S=f_2. \tag{2.20}$$

这种形式的边值条件称为**第二边值条件**.

三是在边界 S 上给出未知函数 u 及其外法向导数 $\dfrac{\partial u}{\partial n}$ 的某种线性组合的值,即

$$\left.\left(\frac{\partial u}{\partial n}+\sigma u\right)\right|_S=f_3. \tag{2.21}$$

这种形式的边值条件称为**第三边值条件**.

当(2.19)(2.20)(2.21)右端的函数为 0 时,称对应的边值条件为**齐次的**,否则称为**非齐次**的.

2. 定解问题

把某个偏微分方程和相应的定解条件联立起来,就构成了一个**定解问题**.

只有初值条件没有边值条件的定解问题,称之为**初值问题**(或**柯西问题**);反之,没有初值条件只有边值条件的定解问题,称之为**边值问题**.若方程与第一

边值条件联立,则称之为**第一边值问题**.以此可定义第二、第三边值问题.既有初值条件又有边值条件的定解问题,称之为**混合问题**(或**初边值问题**).

在本课程中,我们主要是讨论三类典型定解问题的解法,在了解这些解法之前,应注意以下三点:

(1) 与常微分方程理论不同的是,除了一些特殊的方程外,偏微分方程并没有一个适用于一切线性方程的统一理论(如适用于一切线性方程的解的结构定理).因而对于偏微分方程,一般只能就具体的定解问题作具体的分析,采用特殊的方法求解.

(2) 求解偏微分方程的定解问题一般分两步.第一步,先求出定解问题的"形式解",即先假定所有已知和未知函数具有很好的性质,以至无论进行何种运算(如逐项微商、积分换序、积分号下求导、级数收敛等)都是合理的;第二步,对定解数据加上适当的条件,严格论证所求的形式解确定是解.

(3) 在本书内所讨论的方程均为线性方程,在对其求解的过程中,应充分利用叠加原理.什么是叠加原理? 在物理现象中,有相当多的物理场具有如下性质:几个物理量同时存在,且产生的总效果等效于每个物理量单独存在时,它们各自产生的效果总和.例如,研究若干个点电荷同时存在时所产生的电位,可以单独考虑每个点电荷产生的电位,把它们加起来,就得到这些点电荷产生的总电位.具有这种性质的场称为**可叠加场**.对于可叠加场,应充分利用叠加原理将问题由繁化简、由难化易.下一节我们将归纳几种不同形式的叠加原理以及一种特殊的叠加原理——**杜阿梅尔(Duhamel)原理**.

§3 两个重要原理

线性方程的一般形式为

$$Lu=f,$$

其中 L 为线性算子.对于弦振动方程(2.2),$L=\frac{\partial^2}{\partial t^2}-a^2\frac{\partial^2}{\partial x^2}$.对于泊松方程(2.7),$L=\frac{\partial^2}{\partial x^2}+\frac{\partial^2}{\partial y^2}+\frac{\partial^2}{\partial z^2}=\Delta$.对于热传导方程(2.15),$L=\frac{\partial}{\partial t}-a^2\Delta$.线性方程的叠加性质是指:若 u_1,u_2 分别满足方程 $Lu_1=f_1$ 和 $Lu_2=f_2$,则

$$u=u_1+u_2$$

应满足方程

$$Lu=f_1+f_2.$$

下面我们分别以弦振动方程和热传导方程为例,叙述它们的常用形式.

3.1 杜阿梅尔原理

我们先以弦振动方程为例,介绍杜阿梅尔原理.

杜阿梅尔原理 I 设 $w=w(x,t,\tau)$ 是初值问题

$$\begin{cases}\dfrac{\partial^2 w}{\partial t^2}=a^2\dfrac{\partial^2 w}{\partial x^2}, & -\infty<x<+\infty,t>\tau, \quad (3.1)\\ w\big|_{t=\tau}=0,\dfrac{\partial w}{\partial t}\Big|_{t=\tau}=f(x,\tau), & -\infty<x<+\infty \quad (3.2)\end{cases}$$

的两次连续可微解,则

$$u(x,t)=\int_0^t w(x,t,\tau)\mathrm{d}\tau,\quad t\geqslant 0 \tag{3.3}$$

是初值问题

$$\begin{cases}\dfrac{\partial^2 u}{\partial t^2}=a^2\dfrac{\partial^2 u}{\partial x^2}+f(x,t), & -\infty<x<+\infty,t>0, \quad (3.4)\\ u\big|_{t=0}=0,\dfrac{\partial u}{\partial t}\Big|_{t=0}=0, & -\infty<x<+\infty \quad (3.5)\end{cases}$$

的解.

证明 我们只需验证 u 满足(3.4)和(3.5)即可.先验证 u 满足(3.5).由(3.3)可得

$$u\big|_{t=0}=0.$$

由条件(3.2)可知

$$w(x,t,t)=w(x,\tau,\tau)=0.$$

对(3.3)关于 t 求偏导可得

$$\begin{aligned}\frac{\partial}{\partial t}u(x,t)&=w(x,t,t)+\int_0^t\frac{\partial}{\partial t}w(x,t,\tau)\mathrm{d}\tau\\&=\int_0^t\frac{\partial}{\partial t}w(x,t,\tau)\mathrm{d}\tau.\end{aligned}\tag{3.6}$$

则当 $t=0$ 时,

$$\frac{\partial u}{\partial t}=0.$$

下面验证 u 满足(3.4).由(3.6)和(3.1)有

$$\frac{\partial^2 u}{\partial t^2}=\int_0^t\frac{\partial^2}{\partial t^2}w(x,t,\tau)\mathrm{d}\tau+\frac{\partial w}{\partial t}\Big|_{\tau=t}$$

$$= a^2\int_0^t \frac{\partial^2}{\partial x^2}w(x,t,\tau)\,\mathrm{d}\tau + f(x,t)$$

$$= a^2\frac{\partial^2 u}{\partial x^2} + f(x,t).$$

故由(3.3)定义的函数 $u(x,t)$ 是初值问题(3.4)(3.5)的解.

物理背景 从杜阿梅尔原理叙述中的两个问题的形式上看,我们发现只是把方程(3.4)的非齐次项 $f(x,t)$ 移作为齐次问题(3.1)(3.2)中的初始速度函数.这是为什么呢?

由弦振动方程的推导,我们知道非齐次问题(3.4)(3.5)的解 $u(x,t)$ 描写的是,静止弦在载荷密度为 $F(x,t)=\rho f(x,t)$ 的外力作用下产生强迫横振动时,弦上 x 处在 t 时刻的位移.

在时刻 τ,弦段 $(x,x+\mathrm{d}x)$ 上受到的外力是 $\rho f(x,\tau)\,\mathrm{d}x$,这个外力在 τ 到 $\tau+\mathrm{d}\tau$ 时间内产生的冲量是 $\rho f(x,\tau)\,\mathrm{d}x\mathrm{d}\tau$.由动量定理,这个冲量作用于弦,使弦段 $[x, x+\mathrm{d}x]$ 产生了一个速度增量,其数值为

$$\frac{\text{冲量}}{\text{质量}}=\frac{\rho f(x,\tau)\,\mathrm{d}x\mathrm{d}\tau}{\rho\mathrm{d}x}=f(x,\tau)\,\mathrm{d}\tau.$$

于是,外力在时刻 τ 到 $\tau+\mathrm{d}\tau$ 的时间段内对弦振动的影响,可以用相应的瞬时冲量产生的速度增量来代替.由这个速度增量引起的弦上 x 处 $t(t>\tau)$ 时刻的位移,正好是定解问题

$$\begin{cases}\dfrac{\partial^2 v}{\partial t^2}=a^2\dfrac{\partial^2 v}{\partial x^2}, & -\infty<x<+\infty,\ t>\tau,\\ v\big|_{t=\tau}=0,\ \dfrac{\partial v}{\partial t}\Big|_{t=\tau}=f(x,\tau)\,\mathrm{d}\tau, & -\infty<x<+\infty\end{cases}$$

的解.令

$$v(x,t,\tau)=w(x,t,\tau)\,\mathrm{d}\tau,$$

代入即可得到问题(3.1)(3.2).将时刻 t 之前的各个瞬时 τ 的速度增量引起的位移累加起来,就是连续作用于弦的外力 $\rho f(x,t)$ 造成的弦上 x 处在 t 时刻的位移,即

$$u(x,t)=\int_0^t w(x,t,\tau)\,\mathrm{d}\tau.$$

由此可见,杜阿梅尔原理应用于非齐次偏微分方程,实际上和常微分方程中的冲量方法或者说参数变动法的思想是完全一致的.

杜阿梅尔原理可以将求解非齐次方程的问题转化为求解齐次方程的问题,它不仅适用于波动方程,也适用于热传导方程,不仅适用于初值问题,也适用于边值问题甚至初边值问题.下面给出一维热传导方程第一初边值问题的杜阿梅

尔原理.

杜阿梅尔原理Ⅱ 设 $w=w(x,t,\tau)$ 是第一初边值问题

$$\begin{cases}\dfrac{\partial w}{\partial t}-a^2\dfrac{\partial^2 w}{\partial x^2}=0, & 0<x<l,t>\tau,\\ w(0,t,\tau)=w(l,t,\tau)=0, & t>\tau,\\ w(x,\tau,\tau)=f(x,\tau), & 0<x<l\end{cases}$$

的两次连续可微解,则函数

$$u(x,t)=\int_0^t w(x,t,\tau)\mathrm{d}\tau,\quad 0\leqslant x\leqslant l,t\geqslant 0$$

是第一初边值问题

$$\begin{cases}\dfrac{\partial u}{\partial t}-a^2\dfrac{\partial^2 u}{\partial x^2}=f(x,t), & 0<x<l,t>0,\\ u(0,t)=u(l,t)=0, & t>0,\\ u(x,0)=0, & 0<x<l\end{cases}$$

的解.

请读者自行写出弦振动方程和热传导方程的其他几种初值问题和初边值问题的杜阿梅尔原理并证明之.

3.2 叠加原理

叠加原理是研究线性方程的最基本原理.下面先以一维热传导方程为例,介绍四种形式的叠加原理.

叠加原理Ⅰ 设 $u_k(x,t)(k=1,2,\cdots)$ 是齐次方程

$$\frac{\partial u}{\partial t}=a^2\frac{\partial^2 u}{\partial x^2},\quad (x,t)\in G \tag{3.7}$$

的解.若函数级数

$$\sum_{k=1}^{\infty} C_k u_k(x,t)$$

在 G 内收敛,并且对 t 可逐项求导一次,对 x 可逐项求导两次,则和函数

$$u(x,t)=\sum_{k=1}^{\infty} C_k u_k(x,t)$$

在 G 内仍是方程(3.7)的解.

叠加原理Ⅱ 设 $u_k(x,t)(k=1,2,\cdots)$ 是非齐次方程

$$\frac{\partial u}{\partial t}=a^2\frac{\partial^2 u}{\partial x^2}+f_k(x,t),\quad (x,t)\in G$$

的解.若函数级数

$$\sum_{k=1}^{\infty} C_k u_k(x,t)$$

在 G 内收敛,并且对 t 可逐项求导一次,对 x 可逐项求导两次,则和函数

$$u(x,t) = \sum_{k=1}^{\infty} C_k u_k(x,t)$$

是非齐次方程

$$\frac{\partial u}{\partial t} = a^2 \frac{\partial^2 u}{\partial x^2} + \sum_{k=1}^{\infty} C_k f_k(x,t)$$

在 G 内的解.

如果我们联想到,各式各样的积分都是有限和的极限,而大胆地将“叠加”的含义理解得更灵活,那么又可建立下列积分形式的叠加原理.

叠加原理Ⅲ 设 $u=u(x,t,M)$ 是含参变量 $M\in D$ 的非齐次方程

$$\frac{\partial u}{\partial t}=a^2 \frac{\partial^2 u}{\partial x^2}+f(x,t,M), \quad (x,t)\in G$$

的解.若 $(x,t)\in G$ 时,函数

$$U(x,t) = \int_D u(x,t,M)\,\mathrm{d}M$$

可在积分号下对 t 求导一次,对 x 求导两次,则 $U(x,t)$ 在 G 上是非齐次方程

$$\frac{\partial U}{\partial t} = a^2 \frac{\partial^2 U}{\partial x^2} + \int_D f(x,t,M)\,\mathrm{d}M$$

的解.

叠加原理Ⅳ 设 $v=v(x,t)$ 是定解问题

$$(1)\begin{cases}\dfrac{\partial v}{\partial t}=a^2 \dfrac{\partial^2 v}{\partial x^2}+f(x,t), & 0<x<l,t>0,\\ v\big|_{x=0}=0,v\big|_{x=l}=0, & t\geqslant 0,\\ v\big|_{t=0}=0, & 0\leqslant x\leqslant l\end{cases}$$

的解,$w=w(x,t)$ 是定解问题

$$(2)\begin{cases}\dfrac{\partial w}{\partial t}=a^2 \dfrac{\partial^2 w}{\partial x^2}, & 0<x<l,t>0,\\ w\big|_{x=0}=0,w\big|_{x=l}=0, & t\geqslant 0,\\ w\big|_{t=0}=\varphi(x), & 0\leqslant x\leqslant l\end{cases}$$

的解,则函数

$$u(x,t)=v(x,t)+w(x,t)$$

是定解问题

$$\begin{cases}\dfrac{\partial u}{\partial t}=a^2\dfrac{\partial^2 u}{\partial x^2}+f(x,t), & 0<x<l,t>0,\\ u\big|_{x=0}=0,u\big|_{x=l}=0, & t\geqslant 0,\\ u\big|_{t=0}=\varphi(x), & 0\leqslant x\leqslant l\end{cases}$$

的解.

上面四种形式叠加原理的证明及其物理意义与杜阿梅尔原理类似.一维热传导方程的叠加原理可以看成是线性算子 $L=\dfrac{\partial}{\partial t}-a^2\dfrac{\partial^2}{\partial x^2}$的叠加原理.由于叠加原理是线性算子的特有性质,前面的叠加原理Ⅰ—Ⅲ对其他的线性算子 L 也成立.叠加原理Ⅳ涉及初值条件,对弦振动方程会稍有不同.下面以弦振动方程第一初边值问题为例加以介绍.

叠加原理Ⅴ 设 $v=v(x,t)$ 是定解问题

$$\begin{cases}\dfrac{\partial^2 v}{\partial t^2}-a^2\dfrac{\partial^2 v}{\partial x^2}=f(x,t), & 0<x<l,t>0,\\ v\big|_{x=0}=0,v\big|_{x=l}=0, & t\geqslant 0,\\ v\big|_{t=0}=0,\dfrac{\partial v}{\partial t}\Big|_{t=0}=0, & 0\leqslant x\leqslant l\end{cases}$$

的解,$w=w(x,t)$ 是定解问题

$$\begin{cases}\dfrac{\partial^2 w}{\partial t^2}-a^2\dfrac{\partial^2 w}{\partial x^2}=0, & 0<x<l,t>0,\\ w\big|_{x=0}=a(t),w\big|_{x=l}=b(t), & t\geqslant 0,\\ w\big|_{t=0}=\varphi(x),\dfrac{\partial w}{\partial t}\Big|_{t=0}=\psi(x), & 0\leqslant x\leqslant l\end{cases}$$

的解,则函数

$$u(x,t)=v(x,t)+w(x,t)$$

是定解问题

$$\begin{cases}\dfrac{\partial^2 u}{\partial t^2}-a^2\dfrac{\partial^2 u}{\partial x^2}=f(x,t), & 0<x<l,t>0,\\ u\big|_{x=0}=a(t),u\big|_{x=l}=b(t), & t\geqslant 0,\\ u\big|_{t=0}=\varphi(x),\dfrac{\partial u}{\partial t}\Big|_{t=0}=\psi(x), & 0\leqslant x\leqslant l\end{cases}$$

的解.

运用叠加原理可以把一个复杂的定解问题转化为几个简单的定解问题加以解决.本书后文中会经常用到.

习 题 一

1. 对于下列偏微分方程,试确定它是线性的,还是非线性的.如果是线性的,说明它是齐次的,还是非齐次的;如果是非线性的,说明它是拟线性的,还是半线性的,并确定它们的阶数:

(1) $\frac{\partial^4 u}{\partial x^4}+2\frac{\partial^4 u}{\partial x^2\partial y^2}+\frac{\partial^4 u}{\partial y^4}=0.$

(2) $u\frac{\partial u}{\partial x}-xy\frac{\partial u}{\partial y}=0.$

(3) $\frac{\partial^2 u}{\partial x^2}-x^2\frac{\partial u}{\partial y}=1.$

(4) $\frac{\partial u}{\partial x}+\frac{\partial u^2}{\partial y^2}=0.$

(5) $\frac{\partial^2 u}{\partial x^2}+2\frac{\partial^2 u}{\partial x\partial y}+\frac{\partial^2 u}{\partial y^2}=\sin x.$

(6) $\frac{\partial^3 u}{\partial x^3}+\frac{\partial^3 u}{\partial y^2\partial x}+\ln u=0.$

2. 长为 l 的均匀杆,侧面绝缘,一端温度为零,另一端有恒定热流 q 进入(即单位时间内通过单位截面积流入的热量为 q),杆的初始温度分布是$\frac{x(l-x)}{2}$,试写出相应的定解问题.

3. 设某溶质在均匀且各向同性的溶液中扩散,t 时刻它在溶液中点(x,y,z)处的浓度为 $N(x,y,z,t)$.已知溶质在单位时间流过曲面上单位面积的质量 m 服从能斯特(Nernst)定律(即 $m=-D\,\mathbf{grad}\,N\cdot\boldsymbol{n}$,其中 D 为扩散系数,$\boldsymbol{n}$ 为 S 的外法向量).试推导浓度 N 分布的情况.

4. 长为 l 的弦两端固定,开始时在 $x=A$ 处受到冲量 I 的作用,试写出相应的定解问题.

5. 有一长为 l 的均匀细杆,一端固定,另一端沿杆的轴线方向被拉长 L 后静止,突然放手任其振动,试推导其纵振动方程与定解条件.

6. 一长为 l 的匀质柔软轻绳,其一端固定在竖直轴上,绳子以角速度 ω 转动,试推导此绳相对于水平线的横振动方程.

7. 设 $f(x)$,$g(x)$ 二次可微,证明函数 $u=f(x)g(y)$ 满足方程

$$u\frac{\partial^2 u}{\partial x\partial y}-\frac{\partial u}{\partial x}\frac{\partial u}{\partial y}=0.$$

8. 证明函数 $u(x,y)=\frac{1}{6}x^3y^2+x^2+\cos y-\frac{y^2}{6}-1$ 是方程

$$\frac{\partial^2 u}{\partial x\partial y}=x^2y$$

满足条件

$$u\big|_{y=0}=x^2,\quad u\big|_{x=1}=\cos y$$

的解.

9. 验证线性齐次方程的叠加原理,即求证:若 $u_1(x,y)$,$u_2(x,y)$,$\cdots$,$u_n(x,y)$,$\cdots$ 均为线性二阶齐次方程

$$A\frac{\partial^2 u}{\partial x^2}+2B\frac{\partial^2 u}{\partial x\partial y}+C\frac{\partial^2 u}{\partial y^2}+D\frac{\partial u}{\partial x}+E\frac{\partial u}{\partial y}+Fu=0$$

的解，其中 A,B,C,D,E,F 都是仅关于 x,y 的函数．而且级数 $u=\sum_{i=1}^{\infty}C_iu_i(x,y)$ 收敛，其中 $C_i(i=1,2,\cdots)$ 为任意常数，并对 x,y 可以逐项微分两次，则

$$u=\sum_{i=1}^{\infty}C_iu_i(x,y)$$

仍是原方程的解．

第一章自测题

第二章 分离变量法和积分变换法

在上一章中，我们从自然界的三个典型的物理模型中，列出了三类定解问题，其中的方程均为二阶偏微分方程，而在物理学和工程技术等方面的绝大部分问题都可归结为偏微分方程的定解问题.因此现在对于我们来说，寻找偏微分方程及其定解问题的解法是至关重要的.

在学习常微分方程的过程中，我们在求解二阶或高阶常微分方程时，总是想办法把二阶转化为一阶，把高阶转化为低阶直至一阶常微分方程，进而使原问题转化到我们熟知的问题上来.然而对于偏微分方程来说，即便是求解一阶偏微分方程也是很困难的，因为方程中至少存在两个变量，为此我们希望把方程中未知函数的变量分离开来，即把求解偏微分方程的问题转化为求解常微分方程问题，这样就大大降低了求解原问题的难度.实现这种转化的基本方法就是**分离变量法**，又称**驻波法**或**傅里叶法**.它是解偏微分方程的定解问题最常用的一种方法.此方法的物理背景是波动现象的驻波叠加，它的数学基础是常微分方程本征值理论与线性齐次定解问题解的叠加原理.在本章最后一节，将介绍求解数学物理方程定解问题的另外一种方法——积分变换法.

§1 齐次方程的第一初边值问题

1.1 有界弦的自由振动

考虑长为 l，两端固定的有界弦的自由振动问题，其可归结为如下第一初边值问题：

$$\begin{cases}\dfrac{\partial^2 u}{\partial t^2}=a^2\dfrac{\partial^2 u}{\partial x^2}, \quad 0<x<l,t>0, & (1.1)\\ u\big|_{x=0}=0,u\big|_{x=l}=0, \quad t\geqslant 0, & (1.2)\\ u\big|_{t=0}=\varphi(x),\dfrac{\partial u}{\partial t}\bigg|_{t=0}=\psi(x), \quad 0\leqslant x\leqslant l, & (1.3)\end{cases}$$

其中 $\varphi(x),\psi(x)$ 均为已知函数.

此定解问题的方程和边值条件都是齐次的,而初值条件是非齐次的.

为了对方程(1.1)进行变量分离,我们先对驻波进行分析.

在波动过程中,波形表示波在传播运动中的真实形状(瞬间),即若选定一个坐标轴的话,它表示某时刻各点处的位移分布.实验表明,驻波在不同时刻各点处的位移按同一比例增减.由此物理特征,设 $u(x,t)$ 为驻波的位移函数,在时刻 t_0 的波形为 $u(x,t_0)=X(x)$,在时刻 t_1 的波形为 $u(x,t_1)$,则

$$\frac{u(x,t_1)}{u(x,t_0)}=T_1,$$

其中 T_1 为常数.又设在时刻 t_2 的波形为 $u(x,t_2)$,则

$$\frac{u(x,t_2)}{u(x,t_0)}=T_2,$$

其中 T_2 为另一常数.因此,设在时刻 t 的波形为 $u(x,t)$,则

$$\frac{u(x,t)}{u(x,t_0)}=T_t, \tag{1.4}$$

即 T_t 是一个与 x 无关的量,它只是随着时间 t 的变化而变化,即 T 应该是一个只关于时间 t 的函数.因此,由(1.4)可得

$$u(x,t)=u(x,t_0)T(t)=X(x)T(t).$$

有了上面的分析,我们就可以对方程(1.1)进行变量分离了.在求解之前要声明的是,我们所求的解为非平凡解,即非零解.求解过程大体分三步.

第一步,变量分离.

设

$$u(x,t)=X(x)T(t), \tag{1.5}$$

将(1.5)代入方程(1.1),可得

$$X(x)T''(t)=a^2X''(x)T(t),$$

或

$$\frac{X''(x)}{X(x)}=\frac{1}{a^2}\frac{T''(t)}{T(t)}. \tag{1.6}$$

(1.6)对任意的 $0<x<l$ 和任意的 $t>0$ 恒成立.注意到(1.6)左端仅是关于 x 的函数,右端仅是关于 t 的函数,由于 x 与 t 是两个相互独立的变量,所以在一般情况下两者不能相等,只有当等式两端的函数都为同一常数时才能相等.为了计算方便,不妨设此常数为 $-\lambda$,则

$$\frac{X''(x)}{X(x)}=\frac{1}{a^2}\frac{T''(t)}{T(t)}=-\lambda, \tag{1.7}$$

由(1.7)我们得到两个常微分方程

$$X''(x)+\lambda X(x)=0, \tag{1.8}$$

$$T''(t)+\lambda a^2 T(t)=0. \tag{1.9}$$

由 $u(x,t)=X(x)T(t)$ 和边值条件(1.2),可得

$$X(0)T(t)=0,\quad X(l)T(t)=0. \tag{1.10}$$

因为我们要求出的是非零解,即 $u(x,t)\not\equiv 0$,则 $T(t)\not\equiv 0$,故由(1.10)可得

$$X(0)=X(l)=0. \tag{1.11}$$

联立(1.8)和(1.11),就得到了如下常微分方程的边值问题

$$\begin{cases}X''(x)+\lambda X(x)=0,\\ X(0)=X(l)=0.\end{cases} \tag{1.12}$$

下面我们要从常微分方程边值问题(1.12)中解出非零解 $X(x)$.由于(1.12)中含有待定常数 λ,λ 的值会对问题的解产生很大的影响.对于(1.12)这种需要通过讨论 λ 的值,进而求出非零解的问题,我们称之为**固有值(特征值)问题**,使问题(1.12)有非零解的 λ 称为该问题的**固有值(特征值)**,与 λ 相对应的非零解 $X(x)$ 称为它的**固有(特征)函数**.

第二步,求解固有值问题.对 λ 分三种情况来讨论:

(1) $\lambda<0$.此时方程 $X''+\lambda X=0$ 的通解为

$$X(x)=Ae^{\sqrt{-\lambda}x}+Be^{-\sqrt{-\lambda}x},$$

其中 A,B 为待定常数.由条件 $X(0)=X(l)=0$,可得

$$A\cdot 1+B\cdot 1=0,$$

$$Ae^{\sqrt{-\lambda}l}+Be^{-\sqrt{-\lambda}l}=0.$$

由于

$$\begin{vmatrix}1 & 1\\ e^{\sqrt{-\lambda}l} & e^{-\sqrt{-\lambda}l}\end{vmatrix}\neq 0,$$

故 $A=B=0$.即 $X(x)\equiv 0$,不符合非零解的要求,因此 λ 不能小于零.

(2) $\lambda=0$.此时方程 $X''+\lambda X=0$ 的通解为

$$X(x)=Ax+B,$$

其中 A,B 为待定常数.由条件 $X(0)=X(l)=0$ 仍得到

$$A=B=0,$$

所以 λ 也不能等于零.

(3) $\lambda>0$.此时方程 $X''+\lambda X=0$ 的通解为

$$X(x)=A\cos\sqrt{\lambda}\,x+B\sin\sqrt{\lambda}\,x,$$

其中 A,B 为待定常数.由条件 $X(0)=X(l)=0$,可得

$$X(0)=A\cdot 1+B\cdot 0=0,$$

$$X(l)=A\cos\sqrt{\lambda}\,l+B\sin\sqrt{\lambda}\,l=0,$$

则

$$A=0,\quad B\sin\sqrt{\lambda}\,l=0.$$

为了使 $X(x)$ 不恒为零,只能 $B\neq 0$,进而有

$$\sin\sqrt{\lambda}\,l=0,$$

即

$$\sqrt{\lambda}\,l=n\pi,\quad n=1,2,3,\cdots,$$

满足这个等式的 λ 值就是固有值,记为 λ_n,即

$$\lambda_n=\frac{n^2\pi^2}{l^2}.$$

与 λ_n 相对应的固有函数为

$$X_n(x)=B_n\sin\frac{n\pi x}{l},$$

其中 B_n 为任意常数.

第三步,求特解,并叠加特解,求出叠加系数.

对应于每一个固有值 λ_n,方程

$$T''+\lambda_n a^2T=0$$

的解是

$$T_n(t)=C_n\cos\frac{n\pi at}{l}+D_n\sin\frac{n\pi at}{l},$$

其中 C_n,D_n 为待定常数.

把 $X_n(x)$ 和 $T_n(t)$ 代入到(1.5),我们就得到了一个特解

$$\begin{aligned}u_n(x,t)&=T_n(t)X_n(x)\\&=\left(E_n\cos\frac{n\pi at}{l}+F_n\sin\frac{n\pi at}{l}\right)\sin\frac{n\pi x}{l}.\end{aligned}\tag{1.13}$$

其中 $E_n=B_n\cdot C_n, F_n=B_n\cdot D_n$.

因为对应于每一个正整数 n 都有这样的一个特解,所以这样的解有无穷多个,由前面的推导过程可知,每个解都满足(1.1)和(1.2),但是对于单个的像(1.13)形式的解都不一定满足初值条件(1.3).为了得到满足初值条件(1.3)的解,我们把(1.13)叠加起来,记其和为 $u(x,t)$,则

$$u(x,t)=\sum_{n=1}^{\infty}\left(E_n\cos\frac{n\pi at}{l}+F_n\sin\frac{n\pi at}{l}\right)\sin\frac{n\pi x}{l}. \tag{1.14}$$

由线性方程的叠加原理,$u(x,t)$ 仍然满足方程(1.1)和边值条件(1.2).现在的问题是如何选取待定系数 E_n, F_n,使整个级数还能满足初值条件(1.3).将初值条件代入(1.14),可得

$$u(x,0)=\varphi(x)=\sum_{n=1}^{\infty}E_n\sin\frac{n\pi x}{l},$$

$$u_t(x,0)=\psi(x)=\sum_{n=1}^{\infty}F_n\frac{n\pi a}{l}\cdot\sin\frac{n\pi x}{l}.$$

等式右边的两个级数恰好分别代表函数 $\varphi(x)$,$\psi(x)$ 的傅里叶正弦级数展开,由函数展成傅里叶级数的唯一性,可得 E_n 和 F_n 的值为

$$\begin{cases}E_n=\dfrac{2}{l}\displaystyle\int_0^l\varphi(\xi)\sin\frac{n\pi\xi}{l}\mathrm{d}\xi, \quad n=1,2,3,\cdots,\\ F_n=\dfrac{l}{n\pi a}\dfrac{2}{l}\displaystyle\int_0^l\psi(\xi)\sin\frac{n\pi\xi}{l}\mathrm{d}\xi=\dfrac{2}{n\pi a}\displaystyle\int_0^l\psi(\xi)\sin\frac{n\pi\xi}{l}\mathrm{d}\xi, \quad n=1,2,3,\cdots.\end{cases} \tag{1.15}$$

这样,具有(1.15)形式系数的级数(1.14)在形式上既满足方程(1.1),又满足边值条件(1.2)和初值条件(1.3).因此,就得到了有界弦的自由振动问题(1.1)—(1.3)的形式解.

我们之所以说(1.14)是(1.1)—(1.3)的形式解,首先是因为(1.14)的级数并没有证明是收敛的,若不收敛,则解是毫无意义的;其次方程要求 $u(x,t)$ 对 x,t 逐项微分两次的条件并没有验证.其实要想达到这两个方面的要求,只需给 $\varphi(x)$ 和 $\psi(x)$ 加一些条件就能满足,即如果 $\varphi(x)$ 三次连续可微,$\psi(x)$ 二次连续可微,且 $\varphi(0)=\varphi(l)=\varphi''(0)=\varphi''(l)=\psi(0)=\psi(l)=0$,那么问题(1.1)—(1.3)的解存在且可以用(1.14)的形式给出,其中系数 E_n 和 F_n 由(1.15)确定(见参考文献[3]).鉴于本书的篇幅和授课课时的限制,在今后的叙述中只要求解出形式解,就认为定解问题已经解决.

在实际问题中,大部分都是把物体放在三维空间中进行考虑,如三维的热传导方程

$$\frac{\partial u}{\partial t}=a^2\left(\frac{\partial^2 u}{\partial x^2}+\frac{\partial^2 u}{\partial y^2}+\frac{\partial^2 u}{\partial z^2}\right),$$

其中 $u=u(x,y,z,t)$ 表示温度.对这样的方程我们也可用分离变量法,首先要把时间与空间变量分开,然后再对空间变量进行分离就可达到变量全分离的目的.

又如第一章 §1 所举的方程(1.4)

$$\frac{\partial^2 u}{\partial t^2}+a^2\frac{\partial^4 u}{\partial x^4}=f(x,t)$$

表示梁的横振动.其对应的齐次方程也可用分离变量法,只不过得到的关于空间变量的常微分方程是四阶的.当然对于某些特殊的四阶常微分方程是可解的,其做法与二阶类似.

通过上面对分离变量法的叙述,我们把分离变量法归纳为下列三个步骤:

第一步,分离变量.设 $u(x,t)=T(t)X(x)$,代入方程,分别得到两个关于 $T(t)$ 和 $X(x)$ 的常微分方程,再由齐边值条件可得固有值问题.

第二步,求解固有值问题,解出固有值以及固有函数.

第三步,确定系数.由选定的固有值来求 $T(t)$,进而得到一系列特解,然后利用叠加原理叠加特解得到一个无穷级数解,并由初值条件确定无穷级数解的系数.

不难看出,这三个步骤中最重要的环节是求解固有值问题.分离变量法对某一问题是否可行,首先要看固有值是否存在,固有函数系是否正交,所给的已知函数是否能按固有函数系展开.对于三角函数系的情形,由傅里叶级数的数学理论可知,这三个问题都是正确的.在求解固有值问题时,我们还发现,若定解问题的方程或边值条件是非齐次的,则我们想要的特解就比较难找到.因此,对于方程或边值条件是非齐次的,我们应该想办法把它们化为齐次的.这种齐次化方法将在本章 §4 中介绍.

1.2　解的物理意义

如果我们把弦的振动看成是乐器发出的声波,由于声音可以分解成各种不同频率的单音,假设每种单音振动时形成正弦曲线,其振幅仅依赖于时间 t,即每个单音可表示成

$$u(x,t)=A(t)\sin\omega x$$

的形式,这种形式与我们作分离变量时所假设的(1.5)相吻合.我们再来分析单个特解

$$u_n(x,t)=\left(E_n\cos\frac{n\pi a}{l}t+F_n\sin\frac{n\pi a}{l}t\right)\sin\frac{n\pi}{l}x. \tag{1.16}$$

我们从两个方面进行分析:(1) 固定时间 t,波在该固定时刻的形状是什么样;

(2) 固定弦上一点,波在该点的振动规律如何.

将(1.16)的右端括号内的表达式变形可得

$$u_n(x,t)=A_n\cos(\omega_n t-\theta_n)\sin\frac{n\pi}{l}x,$$

其中 $A_n=\sqrt{E_n^2+F_n^2}$, $\omega_n=\frac{n\pi a}{l}$, $\theta_n=\arctan\frac{F_n}{E_n}$.

当时间 t 取定为 t_0 时刻时,上式变为

$$u_n(x,t_0)=A_n'\sin\frac{n\pi}{l}x,$$

其中 $A_n'=A_n\cos(\omega_n t_0-\theta_n)$ 是一个定值.这就表示在任一时刻,波 $u_n(x,t_0)$ 的形式都是一些正弦曲线,只是它的振幅随着时间的改变而改变.

当弦上点的横坐标 x 取定为 x_0 时,可得

$$u_n(x_0,t)=B_n\cos(\omega_n t-\theta_n),$$

其中 $B_n=A_n\sin\frac{n\pi}{l}x_0$ 是一个定值.这说明弦上以 x_0 为横坐标的点作简谐振动,其振幅为 B_n,角频率为 ω_n,初位相为 θ_n.若 x 取另外一个定值,情况也一样,只是振幅 B_n 不同罢了.所以 $u_n(x,t)$ 表示这样一个振动波:在考察的弦上各点以同样的角频率 ω_n 作简谐振动,各点处的初位相也相同,而各点的振幅则随点的位置改变而改变,此振动波在任一时刻的外形是一正弦曲线.

这种振动波还有一个特点,即在 $[0,l]$ 范围内还有 $n+1$ 个点(包括两个端点)永远保持不动,这是因为在 $x_m=\frac{ml}{n}(m=0,1,2,\cdots,n)$ 的那些点上,$\sin\frac{n\pi}{l}x_m=\sin m\pi=0$ 的缘故.这些点在物理上称为**节点**.这就说明 $u_n(x,t)$ 的振动是在 $[0,l]$ 上的分段振动,其中有 $n+1$ 个节点,人们把这种包含节点的振动波叫做**驻波**.另外驻波还在 n 个点处振幅达到最大值,这种使振幅达到最大值的点叫做**腹点**.图 2.1为某一时刻 $n=1,2,3$ 的驻波形状.

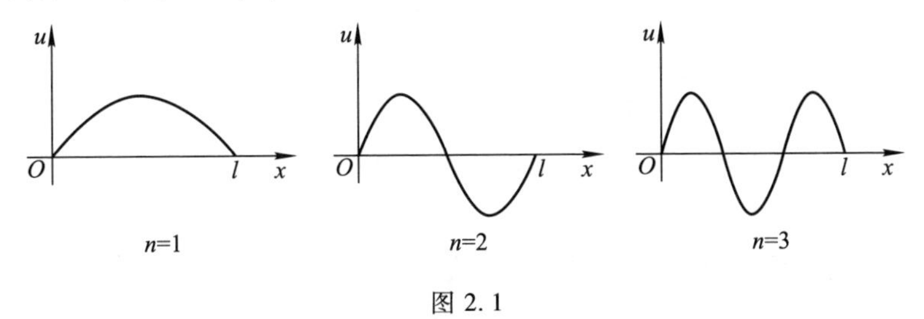

图 2.1

综上所述,解的表达式(1.14)表明弦的振动是一系列驻波的叠加,而每一个驻波的波形由固有函数确定,它的频率由固有值确定.这就是分离变量的物理

背景.因此,分离变量法也可称之为**驻波法**.

1.3　热传导方程的第一初边值问题

考虑一维热传导方程的第一初边值问题

$$\begin{cases}\dfrac{\partial u}{\partial t}=a^2\dfrac{\partial^2 u}{\partial x^2}, \quad 0<x<l,t>0, & (1.17)\\ u\big|_{x=0}=0, \quad u\big|_{x=l}=0, \quad t\geqslant 0, & (1.18)\\ u\big|_{t=0}=\varphi(x), \quad 0\leqslant x\leqslant l, & (1.19)\end{cases}$$

其中 $\varphi(x)$ 为已知函数.

设 $u(x,t)=X(x)T(t)$,代入方程(1.17)可得

$$\frac{T'(t)}{a^2T(t)}=\frac{X''(x)}{X(x)}=-\lambda.$$

于是我们得到两个常微分方程

$$T'(t)+\lambda a^2T(t)=0, \tag{1.20}$$

$$X''(x)+\lambda X(x)=0. \tag{1.21}$$

由 $u(x,t)=X(x)T(t)$ 和边值条件(1.18),可得

$$X(0)=X(l)=0. \tag{1.22}$$

联立(1.21)和(1.22),得到固有值问题

$$\begin{cases}X''(x)+\lambda X(x)=0,\\ X(0)=X(l)=0.\end{cases}$$

我们发现这个固有值问题与前面波动方程第一初边值问题所得到的固有值问题(1.12)相同.于是固有值为

$$\lambda_n=\frac{n^2\pi^2}{l^2}, \quad n=1,2,3,\cdots,$$

相应的固有函数为

$$X_n(x)=\sin\frac{n\pi x}{l}.$$

对于每个固有值 λ_n,方程(1.20)的解是

$$T_n(t)=C_n\mathrm{e}^{-\frac{n^2\pi^2a^2}{l^2}t},$$

其中 C_n 为待定常数.

这样我们得到满足方程(1.17)和边值条件(1.18)的一系列特解为

$$u_n(x,t)=C_n\mathrm{e}^{-\left(\frac{n\pi a}{l}\right)^2t}\cdot\sin\frac{n\pi x}{l}. \tag{1.23}$$

把(1.23)叠加起来,有

$$u(x,t)=\sum_{n=1}^{\infty}C_n \mathrm{e}^{-\left(\frac{n\pi a}{l}\right)^2 t}\cdot\sin\frac{n\pi x}{l}. \tag{1.24}$$

下面确定系数 C_n.把(1.24)代入初值条件(1.19)中得到

$$u(x,0)=\sum_{n=1}^{\infty}C_n\sin\frac{n\pi x}{l}=\varphi(x).$$

于是

$$C_n=\frac{2}{l}\int_0^l\varphi(\xi)\sin\frac{n\pi\xi}{l}\mathrm{d}\xi,\quad n=1,2,3,\cdots.$$

这样我们就得到了一维热传导方程第一初边值问题(1.17)(1.18)(1.19)的形式解(1.24).

§2 齐次方程的第二初边值问题

2.1 热传导方程的第二齐边值问题

考虑一维热传导方程的第二齐边值的混合问题

$$\begin{cases}\dfrac{\partial u}{\partial t}=a^2\dfrac{\partial^2 u}{\partial x^2}, & 0<x<l,t>0, & (2.1)\\ \left.\dfrac{\partial u}{\partial x}\right|_{x=0}=0, \quad \left.\dfrac{\partial u}{\partial x}\right|_{x=l}=0, & t\geqslant 0, & (2.2)\\ u|_{t=0}=\varphi(x), & 0\leqslant x\leqslant l, & (2.3)\end{cases}$$

其中 $\varphi(x)$ 为已知函数.

把 $u(x,t)=T(t)X(x)$ 代入齐次热传导方程(2.1)可得

$$\frac{T'(t)}{a^2T(t)}=\frac{X''(x)}{X(x)}=-\lambda,$$

即

$$T'(t)+\lambda a^2T(t)=0, \tag{2.4}$$

$$X''(x)+\lambda X(x)=0. \tag{2.5}$$

由齐边值条件(2.2),可得

$$X'(0)T(t)=0,\quad X'(l)T(t)=0. \tag{2.6}$$

由(2.5)(2.6)可得固有值问题

$$X''(x)+\lambda X(x)=0, \tag{2.7}$$

$$X'(0)=X'(l)=0. \tag{2.8}$$

下面求解固有值问题.对 λ 分三种情况来讨论:

(1) $\lambda<0$.此时方程(2.7)的通解为

$$X(x)=Ae^{\sqrt{-\lambda}x}+Be^{-\sqrt{-\lambda}x},$$

其中 A,B 为待定常数.由条件(2.8)可得

$$A-B=0,$$
$$Ae^{\sqrt{-\lambda}l}-Be^{-\sqrt{-\lambda}l}=0,$$

解得 $A=B=0$,即 $X(x)\equiv 0$,不符合非零解的要求.

(2) $\lambda=0$.此时方程(2.7)的通解为

$$X(x)=Ax+B,$$

其中 A,B 为待定常数.由条件(2.8)得 $A=0,B\neq 0$.即固有值 $\lambda_0=0$,对应的固有函数为 $X_0(x)=B$.

(3) $\lambda>0$.此时方程(2.7)的通解为

$$X(x)=A\cos\sqrt{\lambda}\,x+B\sin\sqrt{\lambda}\,x,$$

其中 A,B 为待定常数.由条件(2.8)可得

$$X'(0)=-A\cdot 0\cdot\sqrt{\lambda}+B\cdot 1\cdot\sqrt{\lambda}=0,$$
$$X'(l)=-A\sqrt{\lambda}\sin\sqrt{\lambda}\,l+B\sqrt{\lambda}\cos\sqrt{\lambda}\,l=0.$$

由于 $\lambda>0$,可得 $B=0$,进而 $A\sin\sqrt{\lambda}\,l=0$.为了得到非零解,$A\neq 0$,于是只能 $\sin\sqrt{\lambda}\,l=0$,这样就有

$$\lambda_n=\frac{n^2\pi^2}{l^2},\quad n=1,2,3,\cdots.$$

相应的固有函数为

$$X_n(x)=A_n\cos\frac{n\pi x}{l}.$$

综上,固有值问题(2.7)(2.8)的固有值和对应的固有函数为

$$\lambda_n=\frac{n^2\pi^2}{l^2},\quad n=0,1,2,\cdots,\tag{2.9}$$

$$X_n(x)=A_n\cos\frac{n\pi x}{l},\quad n=0,1,2,\cdots,$$

其中 A_n 是任意常数.注意到解的形式是

$$u_n(x,t)=T_n(t)\cdot X_n(x)=T_n(t)\cdot A_n\cdot\cos\frac{n\pi x}{l},$$

我们可以把 $T_n(t)\cdot A_n$ 合在一起看成一个新的关于时间的函数 $T_n(t)$,里面的系数最后统一确定.于是在固有函数的表达式中,可以令 $A_n=1$.

把固有值(2.9)代入常微分方程(2.4),解得

$$T_n(t)=C_n\mathrm{e}^{-\left(\frac{n\pi a}{l}\right)^2 t},$$

则

$$u_n(x,t)=C_n\mathrm{e}^{-\left(\frac{n\pi a}{l}\right)^2 t}\cos\frac{n\pi x}{l},\quad n=0,1,2,\cdots,$$

故

$$u(x,t)=C_0+\sum_{n=1}^{\infty}C_n\mathrm{e}^{-\left(\frac{n\pi a}{l}\right)^2 t}\cos\frac{n\pi x}{l}. \tag{2.10}$$

把(2.10)代入初值条件(2.3),可得

$$\varphi(x)=u(x,0)=C_0+\sum_{n=1}^{\infty}C_n\cos\frac{n\pi x}{l}.$$

将 $\varphi(x)$ 按余弦展开,可得

$$\varphi(x)=\frac{\varphi_0}{2}+\sum_{n=1}^{\infty}\varphi_n\cos\frac{n\pi x}{l},$$

其中

$$\varphi_n=\frac{2}{l}\int_0^l\varphi(\xi)\cos\frac{n\pi\xi}{l}\mathrm{d}\xi,\quad n=0,1,2,\cdots.$$

由函数展成傅里叶级数的唯一性,可得

$$C_0=\frac{\varphi_0}{2}, \tag{2.11}$$

$$C_n=\varphi_n=\frac{2}{l}\int_0^l\varphi(\xi)\cos\frac{n\pi\xi}{l}\mathrm{d}\xi,\quad n=1,2,\cdots. \tag{2.12}$$

将(2.11)(2.12)代入(2.10)后,级数(2.10)在形式上既满足方程(2.1)又满足条件(2.2)和(2.3).当函数 $\varphi(x)$ 满足一定条件时,级数(2.10)是收敛的.因此,(2.10)确实代表定解问题(2.1)—(2.3)的解.

2.2 弦振动方程的第二初边值问题

下面考虑弦振动方程的第二初边值问题

$$\begin{cases}\dfrac{\partial^2 u}{\partial t^2}=a^2\dfrac{\partial^2 u}{\partial x^2},\quad 0<x<l,t>0, & (2.13)\\[2mm] \left.\dfrac{\partial u}{\partial x}\right|_{x=0}=0,\quad \left.\dfrac{\partial u}{\partial x}\right|_{x=l}=0,\quad t\geqslant 0, & (2.14)\\[2mm] u|_{t=0}=\varphi(x),\quad \left.\dfrac{\partial u}{\partial t}\right|_{t=0}=\psi(x),\quad 0\leqslant x\leqslant l, & (2.15)\end{cases}$$

其中 $\varphi(x)$,$\psi(x)$ 均为已知函数.

同上，把 $u(x,t)=X(x)T(t)$ 代入方程(2.13)可得

$$\frac{X''(x)}{X(x)}=\frac{T''(t)}{a^2T(t)}=-\lambda,$$

即

$$T''(t)+\lambda a^2T(t)=0, \tag{2.16}$$

$$X''(x)+\lambda X(x)=0. \tag{2.17}$$

由齐边值条件(2.14)可得

$$X'(0)=X'(l)=0. \tag{2.18}$$

于是我们得到了与热传导方程第二齐边值问题相同的固有值问题(2.17)(2.18).解此固有值问题可得固有值和相应的固有函数为

$$\lambda_n=\frac{n^2\pi^2}{l^2},\quad n=0,1,2,\cdots, \tag{2.19}$$

$$X_n(x)=\cos\frac{n\pi x}{l},\quad n=0,1,2,\cdots. \tag{2.20}$$

把(2.19)代入到常微分方程(2.16)中，解得

$$T_n(t)=\begin{cases}C_0+D_0t, & n=0,\\ C_n\cos\dfrac{n\pi at}{l}+D_n\sin\dfrac{n\pi at}{l}, & n=1,2,\cdots.\end{cases}$$

至此我们得到了满足(2.13)(2.14)的解

$$\begin{aligned}u(x,t)&=\sum_{n=0}^{\infty}T_n(t)X_n(x)\\&=C_0+D_0t+\sum_{n=1}^{\infty}\left(C_n\cos\frac{n\pi at}{l}+D_n\sin\frac{n\pi at}{l}\right)\cos\frac{n\pi x}{l}.\end{aligned} \tag{2.21}$$

把(2.21)代入初值条件(2.15)，得到

$$\varphi(x)=u(x,0)=C_0+\sum_{n=1}^{\infty}C_n\cos\frac{n\pi x}{l},$$

$$\psi(x)=\frac{\partial u}{\partial t}\bigg|_{t=0}=D_0+\sum_{n=1}^{\infty}D_n\cdot\frac{n\pi a}{l}\cdot\cos\frac{n\pi x}{l}.$$

把 $\varphi(x)$ 和 $\psi(x)$ 分别按余弦展开，可得

$$\varphi(x)=\frac{\varphi_0}{2}+\sum_{n=1}^{\infty}\varphi_n\cos\frac{n\pi x}{l},$$

$$\psi(x)=\frac{\psi_0}{2}+\sum_{n=1}^{\infty}\psi_n\cos\frac{n\pi x}{l},$$

其中

$$\varphi_n = \frac{2}{l}\int_0^l \varphi(\xi)\cos\frac{n\pi\xi}{l}\mathrm{d}\xi,\quad n=0,1,2,\cdots,$$

$$\psi_n = \frac{2}{l}\int_0^l \psi(\xi)\cos\frac{n\pi\xi}{l}\mathrm{d}\xi,\quad n=0,1,2,\cdots.$$

由函数展成傅里叶级数的唯一性,可得

$$C_0=\frac{\varphi_0}{2},\quad C_n=\varphi_n,\quad n=1,2,\cdots,$$

$$D_0=\frac{\psi_0}{2},\quad D_n=\frac{l}{n\pi a}\cdot\psi_n=\frac{2}{n\pi a}\int_0^l \psi(\xi)\cos\frac{n\pi\xi}{l}\mathrm{d}\xi,\quad n=1,2,\cdots.$$

把 C_n,D_n 代入(2.21),就得到了定解问题(2.13)—(2.15)的形式解.

结合本章 §1 的内容,我们可以看到,固有函数系与齐边值条件的类型有紧密联系.对于前面所讨论的两类方程,第一齐边值条件下的固有函数系是 $\left\{\sin\frac{n\pi x}{l}\right\}$,第二齐边值条件下的固有函数系是 $\left\{\cos\frac{n\pi x}{l}\right\}$.我们知道,第三边值条件是第一边值条件和第二边值条件的某种线性组合,可以猜测第三齐边值条件下的固有函数系是正弦函数系与余弦函数系的某种线性组合,感兴趣的读者可参见参考文献[21].

§3 二维拉普拉斯方程

3.1 圆域内的第一边值问题

考虑一个薄圆盘 $x^2+y^2\leqslant\rho_0^2$,上下两面绝热,圆周边缘温度分布为已知,求达到稳恒状态时圆盘内的温度分布.

由第一章有关方程的推导可知,上述模型可归结为下列第一边值问题

$$\begin{cases}\dfrac{\partial^2 u}{\partial x^2}+\dfrac{\partial^2 u}{\partial y^2}=0,\quad x^2+y^2<\rho_0^2, & (3.1)\\ u\big|_{x^2+y^2=\rho_0^2}=F(x,y),\quad x^2+y^2=\rho_0^2. & (3.2)\end{cases}$$

若还像齐次弦振动方程和热传导方程那样对问题(3.1)(3.2)直接使用分离变量法,则会发现在边值条件(3.2)上将遇到很大困难,因为我们在前面讨论的都是齐边值的情况,并且自变量所在区域是一个矩形.

为了使用分离变量法,首先要把圆形区域转化为矩形区域.因此采用极坐标

系，设

$$\begin{cases}x=\rho\cos\theta,\\ y=\rho\sin\theta,\end{cases}$$

记

$$V(\rho,\theta)=u(\rho\cos\theta,\rho\sin\theta),\quad f(\theta)=F(\rho_0\cos\theta,\rho_0\sin\theta),$$

将问题(3.1)(3.2)转化为极坐标系下的定解问题

$$\begin{cases}\dfrac{\partial^2 V}{\partial\rho^2}+\dfrac{1}{\rho}\dfrac{\partial V}{\partial\rho}+\dfrac{1}{\rho^2}\dfrac{\partial^2 V}{\partial\theta^2}=0,\quad 0<\rho<\rho_0,0\leqslant\theta\leqslant 2\pi, & (3.3)\\ V\big|_{\rho=\rho_0}=f(\theta),\quad 0\leqslant\theta\leqslant 2\pi. & (3.4)\end{cases}$$

现在，问题(3.3)(3.4)的求解域为矩形域：$\{(\rho,\theta)\mid 0\leqslant\rho\leqslant\rho_0,0\leqslant\theta\leqslant 2\pi\}$. 对于边值条件(3.4)，仅给出了 $\rho=\rho_0$ 的函数值，而没有给出 $\rho=0,\theta=0$ 和 $\theta=2\pi$ 时的函数值.然而，由实际情况可知，圆盘内部的温度值绝不可能是无限的，特别是圆盘中心点的温度值应该是有限的，而且 (ρ,θ) 与 $(\rho,\theta+2\pi)$ 实际上表示同一点的坐标，即温度应该相同，于是有

$$|V(0,\theta)|<+\infty,\tag{3.5}$$

$$V(\rho,\theta)=V(\rho,\theta+2\pi).\tag{3.6}$$

有了这些条件后，我们可求满足方程(3.3)及条件(3.4)—(3.6)的解.

首先对 $V(\rho,\theta)$ 分离变量，即设

$$V(\rho,\theta)=R(\rho)\Phi(\theta),$$

代入方程(3.3)可得

$$R''\Phi+\frac{1}{\rho}R'\Phi+\frac{1}{\rho^2}R\Phi''=0,$$

即

$$\frac{\rho^2R''+\rho R'}{R}=-\frac{\Phi''}{\Phi},$$

令上式比值为 λ，则可得两个常微分方程

$$\Phi''+\lambda\Phi=0,$$

$$\rho^2R''+\rho R'-\lambda R=0.$$

由条件(3.5)和(3.6)可得

$$|R(0)|<+\infty,$$

$$\Phi(\theta+2\pi)=\Phi(\theta).\tag{3.7}$$

分别联立上面的常微分方程，得到两个常微分方程的定解问题

$$\begin{cases}\Phi''+\lambda\Phi=0,\\ \Phi(\theta+2\pi)=\Phi(\theta)\end{cases}\tag{3.8}$$

和

$$\begin{cases}\rho^2R''+\rho R'-\lambda R=0,\\ |R(0)|<+\infty.\end{cases}\tag{3.9}$$

与波动方程定解问题的分离变量法一样,先要由其中一个常微分方程的定解问题来确定 λ 的值,然后再代到另一个定解问题中.由于条件(3.7)满足可加性,因此我们选择定解问题(3.8)来确定 λ 的值.

下面求解固有值问题(3.8).

(1) 当 $\lambda<0$ 时,方程 $\Phi''+\lambda\Phi=0$ 的通解是

$$\Phi(\theta)=Ae^{\sqrt{-\lambda}\theta}+Be^{-\sqrt{-\lambda}\theta}.$$

利用 $\Phi(\theta+2\pi)=\Phi(\theta)$,可知

$$\Phi(0)=A+B=\Phi(2\pi)=Ae^{\sqrt{-\lambda}\cdot 2\pi}+Be^{-\sqrt{-\lambda}\cdot 2\pi},$$

$$\Phi(1)=Ae^{\sqrt{-\lambda}}+Be^{-\sqrt{-\lambda}}=\Phi(1+2\pi)=Ae^{\sqrt{-\lambda}(2\pi+1)}+Be^{-\sqrt{-\lambda}(2\pi+1)},$$

解得 $A=B=0$,即 $\Phi(\theta)\equiv 0$,不是非零解.

(2) 当 $\lambda=0$ 时,方程 $\Phi''+\lambda\Phi=0$ 的通解是

$$\Phi(\theta)=A_0+B_0\theta,$$

利用 $\Phi(\theta+2\pi)=\Phi(\theta)$ 易知 $B_0=0$,A_0 为任意常数.因此 $\lambda_0=0$ 是固有值,对应的固有函数是 $\Phi_0(\theta)=A_0$.

(3) 当 $\lambda>0$ 时,方程 $\Phi''+\lambda\Phi=0$ 的通解是

$$\Phi(\theta)=A\cos\sqrt{\lambda}\,\theta+B\sin\sqrt{\lambda}\,\theta.$$

由于 $\Phi(\theta+2\pi)=\Phi(\theta)$,即 $\Phi(\theta)$ 是以 2π 为周期的函数,因此 $\sqrt{\lambda}$ 必须是整数 n,于是固有值为

$$\lambda=n^2,\quad n=1,2,\cdots,$$

相应的固有函数为

$$\Phi_n(\theta)=A_n\cos n\theta+B_n\sin n\theta,\quad n=1,2,\cdots.$$

综上可得固有值问题(3.8)的固有值为

$$\lambda_n=n^2,\quad n=0,1,2,\cdots,$$

相应的固有函数为

$$\Phi_n(\theta)=A_n\cos n\theta+B_n\sin n\theta,\quad n=0,1,2,\cdots.$$

下面把固有值代入问题(3.9)并求解.

(1) 当 $\lambda=0$ 时,由常微分方程理论可得

$$R_0(\rho)=C_0+d_0\ln\rho.$$

(2) 当 $\lambda=n^2$ 时,(3.9)中的方程为欧拉(Euler)方程,可令 $\rho=e^t$,则 $t=\ln\rho$,

记 $D=\frac{\mathrm{d}}{\mathrm{d}t}$，将方程转化为

$$D^2R-\lambda R=0.$$

这样就容易解得

$$R_n(\rho)=C_n\rho^n+d_n\rho^{-n},\quad n=1,2,\cdots.$$

由于 $|R(0)|<+\infty$，则只能取 $d_n=0(n=0,1,2,\cdots)$. 即

$$R_n(\rho)=C_n\rho^n,\quad n=0,1,2,\cdots.$$

因此由叠加原理，方程(3.3)满足条件(3.5)和(3.6)的解可表示为级数

$$V(\rho,\theta)=\frac{a_0}{2}+\sum_{n=1}^{\infty}\rho^n(a_n\cos n\theta+b_n\sin n\theta),\tag{3.10}$$

其中 $\frac{a_0}{2}=A_0C_0, a_n=A_nC_n, b_n=B_nC_n$.

最后，我们利用定解条件(3.4)来确定(3.10)中的系数 a_n,b_n.

$$V(\rho_0,\theta)=f(\theta)=\frac{a_0}{2}+\sum_{n=1}^{\infty}\rho_0^n(a_n\cos n\theta+b_n\sin n\theta),$$

因而 $a_0,\rho_0^na_n,\rho_0^nb_n$ 就是 $f(\theta)$ 展成傅里叶级数的系数，则

$$\begin{cases}a_0=\dfrac{1}{\pi}\displaystyle\int_0^{2\pi}f(\theta)\mathrm{d}\theta,\\ a_n=\dfrac{1}{\rho_0^n\pi}\displaystyle\int_0^{2\pi}f(\theta)\cos n\theta\mathrm{d}\theta,\\ b_n=\dfrac{1}{\rho_0^n\pi}\displaystyle\int_0^{2\pi}f(\theta)\sin n\theta\mathrm{d}\theta.\end{cases}\tag{3.11}$$

把(3.11)代入(3.10)可得

$$V(\rho,\theta)=\frac{1}{2\pi}\int_0^{2\pi}f(t)\left[1+2\sum_{n=1}^{\infty}\left(\frac{\rho}{\rho_0}\right)^n\cos n(\theta-t)\right]\mathrm{d}t.\tag{3.12}$$

利用欧拉公式

$$\begin{aligned}1+2\sum_{n=1}^{\infty}k^n\cos n(\theta-t)&=1+\sum_{n=1}^{\infty}\left[k^n\mathrm{e}^{n\mathrm{i}(\theta-t)}+k^n\mathrm{e}^{-n\mathrm{i}(\theta-t)}\right]\\&=1+\frac{k\,\mathrm{e}^{\mathrm{i}(\theta-t)}}{1-k\,\mathrm{e}^{\mathrm{i}(\theta-t)}}+\frac{k\,\mathrm{e}^{-\mathrm{i}(\theta-t)}}{1-k\,\mathrm{e}^{-\mathrm{i}(\theta-t)}}\\&=\frac{1-k^2}{1-2k\cos(\theta-t)+k^2}\quad(|k|<1).\end{aligned}$$

取 $k=\dfrac{\rho}{\rho_0}$，可将(3.12)形式的解写成

$$V(\rho,\theta)=\frac{1}{2\pi}\int_0^{2\pi}f(t)\frac{\rho_0^2-\rho^2}{\rho_0^2+\rho^2-2\rho_0\rho\cos(\theta-t)}\mathrm{d}t\quad(\rho<\rho_0).\tag{3.13}$$

故形如具有系数为(3.11)的解(3.10)或(3.13)即为所求的解，并且(3.13)称为圆域内**泊松积分**.它的特点是将级数解转变为积分形式，便于作理论分析.在本书的第四章将介绍用静电原像法求得三维情形的拉普拉斯方程的第一边值问题类似于(3.13)的解.

3.2 圆域外的第一边值问题

仿照本节 3.1，我们可以把圆域外的二维拉普拉斯方程的第一边值问题归结为求解下列问题：

$$\begin{cases}\dfrac{\partial^2 V}{\partial\rho^2}+\dfrac{1}{\rho}\dfrac{\partial V}{\partial\rho}+\dfrac{1}{\rho^2}\dfrac{\partial^2 V}{\partial\theta^2}=0, & \rho>\rho_0,0<\theta<2\pi,\\ V(\rho_0,\theta)=g(\theta), & 0\leqslant\theta\leqslant2\pi,\\ |V(\rho,\theta)|<+\infty, & \rho\geqslant\rho_0,0\leqslant\theta\leqslant2\pi.\end{cases}$$

解 完全仿照本节 3.1 的解法，我们可求得其形式解为

$$V(\rho,\theta)=\frac{1}{2\pi}\int_0^{2\pi}g(t)\mathrm{d}t+\frac{1}{\pi}\sum_{n=1}^{\infty}\left(\frac{\rho_0}{\rho}\right)^n\int_0^{2\pi}g(t)\cos n(t-\theta)\mathrm{d}t,$$

将上式的求和号与积分号的次序形式上进行交换，可得圆域外泊松积分公式

$$V(\rho,\theta)=\frac{\rho^2-\rho_0^2}{2\pi}\int_0^{2\pi}\frac{g(t)}{\rho_0^2+\rho^2-2\rho_0\rho\cos(t-\theta)}\mathrm{d}t,\tag{3.14}$$

如果当 $0\leqslant\theta<\pi$ 时，取 $g(\theta)=1$；当 $\pi\leqslant\theta\leqslant2\pi$ 时，取 $g(\theta)=0$，那么

$$V_{内}(\rho,\theta)=\frac{1}{2}+\frac{2}{\pi}\sum_{n=1}^{\infty}\left(\frac{\rho}{\rho_0}\right)^{2n-1}\frac{\sin(2n-1)\theta}{2n-1},$$

$$V_{外}(\rho,\theta)=\frac{1}{2}+\frac{2}{\pi}\sum_{n=1}^{\infty}\left(\frac{\rho_0}{\rho}\right)^{2n-1}\frac{\sin(2n-1)\theta}{2n-1}.$$

§4 非齐次定解问题的解法

4.1 非齐次方程的求解

在这一章前几节的讨论当中,我们主要讨论的是齐次方程和齐边值条件的定解问题,如弦振动问题中,弦不受外力作用,振动只是由初始位移和初始速度引起的.这一节我们仍以弦振动为例,但考虑的是振动不仅由初始位移和初始速度引起,而且还有外力的作用.可归结为如下受迫弦振动问题:

$$\begin{cases}u_{tt}=a^2u_{xx}+f(x,t), \quad 0<x<l,t>0, & (4.1)\\ u(0,t)=0, \quad u(l,t)=0, \quad t\geqslant 0, & (4.2)\\ u(x,0)=\varphi(x), \quad u_t(x,0)=\psi(x), \quad 0\leqslant x\leqslant l. & (4.3)\end{cases}$$

显然由于方程(4.1)中非齐次项$f(x,t)$的存在,如果像前面一样对(4.1)直接用分离变量法是不可行的.但是依据齐次方程(1.1)的解,且它的边值条件和方程(4.1)的一样,我们先假设定解问题(4.1)—(4.3)的解$u(x,t)$可以展开成如下的傅里叶级数形式:

$$u(x,t)=\sum_{n=1}^{\infty}T_n(t)\sin\frac{n\pi x}{l}. \tag{4.4}$$

并且把定解数据$f(x,t)$,$\varphi(x)$和$\psi(x)$都按固有函数系$\left\{\sin\frac{n\pi x}{l}\right\}_{n=1}^{\infty}$展开

$$f(x,t)=\sum_{n=1}^{\infty}f_n(t)\sin\frac{n\pi x}{l},$$

$$\varphi(x)=\sum_{n=1}^{\infty}\varphi_n\sin\frac{n\pi x}{l},$$

$$\psi(x)=\sum_{n=1}^{\infty}\psi_n\sin\frac{n\pi x}{l},$$

其中

$$f_n(t)=\frac{2}{l}\int_0^l f(\xi,t)\sin\frac{n\pi\xi}{l}\mathrm{d}\xi, \quad n=1,2,3,\cdots,$$

$$\varphi_n=\frac{2}{l}\int_0^l \varphi(\xi)\sin\frac{n\pi\xi}{l}\mathrm{d}\xi, \quad n=1,2,3,\cdots,$$

$$\psi_n=\frac{2}{l}\int_0^l \psi(\xi)\sin\frac{n\pi\xi}{l}\mathrm{d}\xi, \quad n=1,2,3,\cdots.$$

显然，$u(x,t)$满足边值条件(4.2)，因此只需$u(x,t)$再满足方程(4.1)和初值条件(4.3)就得到问题(4.1)—(4.3)的解.把上面的展开式分别代入方程(4.1)和初值条件(4.3)，可得

$$\sum_{n=1}^{\infty} T''_n(t)\sin\frac{n\pi x}{l} = -\sum_{n=1}^{\infty}\left(\frac{n\pi a}{l}\right)^2 T_n(t)\sin\frac{n\pi x}{l} + \sum_{n=1}^{\infty} f_n(t)\sin\frac{n\pi x}{l},$$

$$\sum_{n=1}^{\infty} T_n(0)\sin\frac{n\pi x}{l} = \sum_{n=1}^{\infty}\varphi_n\sin\frac{n\pi x}{l},$$

$$\sum_{n=1}^{\infty} T'_n(0)\sin\frac{n\pi x}{l} = \sum_{n=1}^{\infty}\psi_n\sin\frac{n\pi x}{l}.$$

比较上面三个展开式的系数可得

$$T''_n(t) = -\left(\frac{n\pi a}{l}\right)^2 T_n(t) + f_n(t),\quad n=1,2,\cdots, \tag{4.5}$$

$$T_n(0)=\varphi_n,\quad T'_n(0)=\psi_n,\quad n=1,2,\cdots. \tag{4.6}$$

由于(4.5)对应的齐次方程的解为

$$T(t) = a_n\cos\frac{n\pi at}{l} + b_n\sin\frac{n\pi at}{l},$$

则可利用常微分方程中的参数变易法.即设

$$T_n(t) = a_n(t)\cos\frac{n\pi at}{l} + b_n(t)\sin\frac{n\pi at}{l} \tag{4.7}$$

为方程(4.5)的解，其中待定函数$a_n(t)$，$b_n(t)$由以下方程组确定：

$$a'_n(t)\cos\frac{n\pi at}{l} + b'_n(t)\sin\frac{n\pi at}{l} = 0,$$

$$a'_n(t)\left(\cos\frac{n\pi at}{l}\right)' + b'_n(t)\left(\sin\frac{n\pi at}{l}\right)' = f_n(t).$$

由代数学中的克拉默(Cramer)法则可得

$$a_n(t) = a_n - \frac{l}{n\pi a}\int_0^t f_n(\tau)\sin\frac{n\pi a\tau}{l}\mathrm{d}\tau,$$

$$b_n(t) = b_n + \frac{l}{n\pi a}\int_0^t f_n(\tau)\cos\frac{n\pi a\tau}{l}\mathrm{d}\tau.$$

把它们代入(4.7)，得到方程(4.5)的通解为

$$T_n(t) = a_n\cos\frac{n\pi at}{l} + b_n\sin\frac{n\pi at}{l} + \frac{l}{n\pi a}\int_0^t f_n(\tau)\sin\frac{n\pi a}{l}(t-\tau)\mathrm{d}\tau,$$

再由初值条件(4.6)，可确定$a_n=\varphi_n$，$b_n=\dfrac{l}{n\pi a}\psi_n$.故问题(4.5)(4.6)的解为

$$T_n(t)=\varphi_n\cos\frac{n\pi at}{l}+\frac{l}{n\pi a}\psi_n\sin\frac{n\pi at}{l}+\frac{l}{n\pi a}\int_0^t f_n(\tau)\sin\frac{n\pi a}{l}(t-\tau)\mathrm{d}\tau. \tag{4.8}$$

把(4.8)代入(4.4),可知(4.4)是非齐次问题(4.1)—(4.3)的解.完整的形式为

$$\begin{aligned}u(x,t)&=\sum_{n=1}^{\infty}T_n(t)\sin\frac{n\pi x}{l}\\&=\sum_{n=1}^{\infty}\left(\varphi_n\cos\frac{n\pi at}{l}+\frac{l}{n\pi a}\psi_n\sin\frac{n\pi at}{l}\right)\sin\frac{n\pi x}{l}+\\&\quad\sum_{n=1}^{\infty}\frac{l}{n\pi a}\int_0^t f_n(\tau)\sin\frac{n\pi a}{l}(t-\tau)\cdot\sin\frac{n\pi x}{l}\mathrm{d}\tau.\end{aligned} \tag{4.9}$$

从解的形式上看,可分成两部分:(4.9)等号右端第一个级数项表示初始位移和初始速度对弦振动的影响;(4.9)等号右端第二个级数项表示外力 $f(x,t)$ 对弦振动的影响.若弦所受外力为零,则(4.9)式就是齐次问题(1.1)—(1.3)的解(1.14).

上述这种解法是把方程的非齐次项以及解按对应的齐次方程的一族固有函数展开,随着方程与边界条件不同,固有函数族也就不同,但总是把非齐次方程的解按相应的固有函数展开,所以这种方法又称**固有函数法**.此方法对其他类型的方程也是适用的.

在第一章我们曾经介绍过,运用叠加原理和杜阿梅尔原理,可以把一个复杂问题转化为几个简单问题进行求解.下面就采用这种办法去解决定解问题(4.1)—(4.3).

设 v 是定解问题

$$\begin{cases}v_{tt}=a^2v_{xx}, & 0<x<l,t>0,\\ v(0,t)=0,\quad v(l,t)=0, & t\geqslant 0,\\ v(x,0)=\varphi(x),\quad v_t(x,0)=\psi(x), & 0\leqslant x\leqslant l\end{cases} \tag{4.10}$$

的解,设 w 是定解问题

$$\begin{cases}w_{tt}=a^2w_{xx}+f(x,t), & 0<x<l,t>0,\\ w(0,t)=0,\quad w(l,t)=0, & t\geqslant 0,\\ w(x,0)=0,\quad w_t(x,0)=0, & 0\leqslant x\leqslant l\end{cases} \tag{4.11}$$

的解,由叠加原理V可知,$u=v+w$ 就是定解问题(4.1)—(4.3)的解.本章§1中我们已经解决了定解问题(4.10),其解为(见(1.14))

$$v(x,t)=\sum_{n=1}^{\infty}\left(\varphi_n\cos\frac{n\pi at}{l}+\frac{l}{n\pi a}\psi_n\sin\frac{n\pi at}{l}\right)\sin\frac{n\pi x}{l},$$

其中

$$\varphi_n=\frac{2}{l}\int_0^l\varphi(\xi)\sin\frac{n\pi\xi}{l}\mathrm{d}\xi,\quad n=1,2,3,\cdots,$$

$$\psi_n=\frac{2}{l}\int_0^l\psi(\xi)\sin\frac{n\pi\xi}{l}\mathrm{d}\xi,\quad n=1,2,3,\cdots.$$

定解问题(4.11)中的方程是非齐次方程,可以通过杜阿梅尔原理转化为齐次方程的定解问题,即如果 $U(x,t,\tau)$ 是如下定解问题

$$\begin{cases}U_{tt}=a^2U_{xx}, & 0<x<l,t>\tau,\\ U(0,t,\tau)=U(l,t,\tau)=0, & t\geqslant\tau,\\ U(x,\tau,\tau)=0,\quad U_t(x,\tau,\tau)=f(x,\tau), & 0\leqslant x\leqslant l\end{cases}\tag{4.12}$$

的解,由杜阿梅尔原理,

$$w(x,t)=\int_0^t U(x,t,\tau)\mathrm{d}\tau,\quad 0\leqslant x\leqslant l,t\geqslant 0$$

是定解问题(4.11)的解.同样利用(1.14)可知问题(4.12)的解为

$$U(x,t,\tau)=\sum_{n=1}^{\infty}\frac{l}{n\pi a}f_n(\tau)\sin\frac{n\pi a}{l}(t-\tau)\sin\frac{n\pi x}{l},$$

其中

$$f_n(\tau)=\frac{2}{l}\int_0^l f(\xi,\tau)\sin\frac{n\pi\xi}{l}\mathrm{d}\xi,\quad n=1,2,3,\cdots.$$

进而问题(4.11)的解为

$$\begin{aligned}w(x,t)&=\int_0^t U(x,t,\tau)\mathrm{d}\tau\\ &=\sum_{n=1}^{\infty}\frac{l}{n\pi a}\int_0^t f_n(\tau)\sin\frac{n\pi a}{l}(t-\tau)\sin\frac{n\pi x}{l}\mathrm{d}\tau.\end{aligned}$$

最后利用 $u=v+w$,我们就得到了与(4.9)相同的解.问题(4.10)的解恰好是(4.9)右端第一项,表示初始位移和速度对弦振动的影响.问题(4.11)的解恰好是(4.9)右端第二项,表示外力对弦振动的影响.

4.2 非齐次边界条件的处理

前面我们曾多次强调,对一个定解问题用分离变量法时,无论方程是齐次的还是非齐次的,都要求边值条件是齐次的.如果问题中的边值条件是非齐次的,难道分离变量法就不可行吗?回答是否定的.我们只需对关于非齐次边值条件的问题作一个代换,先把边值条件化成齐次的.仍以弦振动问题为例,设具有非齐次边值条件的弦振动定解问题为

$$\begin{cases} u_{tt}=a^2u_{xx}, \quad 0<x<l, t>0, & (4.13)\\ u(0,t)=\mu_1(t), \quad u(l,t)=\mu_2(t), \quad t\geqslant 0, & (4.14)\\ u(x,0)=\varphi(x), \quad u_t(x,0)=\psi(x), \quad 0\leqslant x\leqslant l. & (4.15)\end{cases}$$

令

$$V(x,t)=u(x,t)-v(x,t), \tag{4.16}$$

其中 $v(x,t)$ 满足和 $u(x,t)$ 相同的边值条件(4.14),则当 $x=0$ 或 $x=l$ 时,

$$V(0,t)=V(l,t)=0.$$

这样关于 $V(x,t)$ 的定解问题的边值条件就是齐次的,对应的辅助函数 $v(x,t)$ 也容易找到.对于第一边值问题,一般可设 $v(x,t)=a(t)x+b(t)$,代入(4.14)可得

$$a(t)=\frac{1}{l}[\mu_2(t)-\mu_1(t)],$$

$$b(t)=\mu_1(t),$$

即

$$v(x,t)=\mu_1(t)+\frac{x}{l}[\mu_2(t)-\mu_1(t)].$$

把 $v(x,t)$ 代入(4.16),可得

$$u(x,t)=V(x,t)+\left\{\mu_1(t)+\frac{x}{l}[\mu_2(t)-\mu_1(t)]\right\},$$

再把上式代入(4.13)—(4.15),则定解问题转化为

$$\begin{cases} V_{tt}=a^2V_{xx}-\mu_1''(t)-\frac{x}{l}[\mu_2''(t)-\mu_1''(t)],\\ V(0,t)=V(l,t)=0,\\ V(x,0)=\varphi(x)-\mu_1(0)-\frac{x}{l}[\mu_2(0)-\mu_1(0)],\\ V_t(x,0)=\psi(x)-\mu_1'(0)-\frac{x}{l}[\mu_2'(0)-\mu_1'(0)].\end{cases}$$

重复 4.1 小节的做法,就可得到 $V(x,t)$,进而求出 $u(x,t)$.

因此,对于弦振动定解问题,无论方程是否齐次,或边值条件是否齐次,都可以用分离变量法求出它们的解.

4.3 特殊的方程非齐次项处理

在这里,我们将列举出一些特殊方程非齐次项的处理方法.

例 4.1 用分离变量法求解下列定解问题：

$$\begin{cases}\dfrac{\partial u}{\partial t}=a^2\dfrac{\partial^2 u}{\partial x^2}-b^2u+\dfrac{x}{l}\mu'(t)\mathrm{e}^{-b^2t}, \quad 0<x<l,t>0, & (4.17)\\ u\big|_{x=0}=0, \quad u\big|_{x=l}=\mu(t)\mathrm{e}^{-b^2t}, \quad t\geqslant 0, & (4.18)\\ u\big|_{t=0}=\varphi(x), \quad 0\leqslant x\leqslant l, & (4.19)\end{cases}$$

其中 a,b 均为常数.

解 方程(4.17)和右端边值条件都是非齐次的.我们作如下变换：

$$u(x,t)=\mathrm{e}^{-b^2t}V(x,t),$$

代入方程(4.17)可得

$$\frac{\partial V(x,t)}{\partial t}=a^2\frac{\partial^2 V(x,t)}{\partial x^2}+\frac{x}{l}\mu'(t),$$

相应的(4.18)和(4.19)变为

$$V\big|_{x=0}=0, \quad V\big|_{x=l}=\mu(t),$$
$$V\big|_{t=0}=\varphi(x),$$

则求解定解问题(4.17)—(4.19)就被转化为求解下列定解问题：

$$\begin{cases}\dfrac{\partial V(x,t)}{\partial t}=a^2\dfrac{\partial^2 V(x,t)}{\partial x^2}+\dfrac{x}{l}\mu'(t), & (4.20)\\ V\big|_{x=0}=0, \quad V\big|_{x=l}=\mu(t), & (4.21)\\ V\big|_{t=0}=\varphi(x). & (4.22)\end{cases}$$

下面对非齐次边值条件(4.21)进行齐次化,可令

$$W(x,t)=V(x,t)-\frac{x}{l}\mu(t),$$

代入定解问题(4.20)—(4.22),可得

$$\begin{cases}\dfrac{\partial W(x,t)}{\partial t}=a^2\dfrac{\partial^2 W(x,t)}{\partial x^2}, \quad 0<x<l,t>0, & (4.23)\\ W\big|_{x=0}=0, \quad W\big|_{x=l}=0, \quad t\geqslant 0, & (4.24)\\ W\big|_{t=0}=\varphi(x)-\dfrac{\mu(0)}{l}x, \quad 0\leqslant x\leqslant l, & (4.25)\end{cases}$$

这时可由分离变量法,得到此问题的解为

$$W(x,t)=\sum_{n=1}^{\infty}C_n\mathrm{e}^{-\frac{n^2\pi^2}{l^2}a^2t}\sin\frac{n\pi x}{l}. \tag{4.26}$$

(4.26)自然满足方程和边值条件,要想满足初值条件,只需

$$W(x,0)=\varphi(x)-\frac{\mu(0)}{l}x=\sum_{n=1}^{\infty}C_n\sin\frac{n\pi x}{l},$$

从而可得

$$C_n=\frac{2}{l}\int_0^l\left[\varphi(\xi)-\frac{\mu(0)}{l}\xi\right]\sin\frac{n\pi\xi}{l}\mathrm{d}\xi,\quad n=1,2,\cdots. \tag{4.27}$$

将(4.27)代入(4.26),就得到定解问题(4.23)—(4.25)的解.则

$$\begin{aligned}V(x,t)&=W(x,t)+\frac{x}{l}\mu(t)\\&=\frac{x}{l}\mu(t)+\sum_{n=1}^{\infty}C_n\mathrm{e}^{-\frac{n^2\pi^2}{l^2}a^2t}\sin\frac{n\pi x}{l}\end{aligned}$$

即为定解问题(4.20)—(4.22)的解.最后,我们可得定解问题(4.17)—(4.19)的解为

$$\begin{aligned}u(x,t)&=V(x,t)\mathrm{e}^{-b^2t}\\&=\mathrm{e}^{-b^2t}\left[\frac{x}{l}\mu(t)+\sum_{n=1}^{\infty}C_n\mathrm{e}^{-\frac{n^2\pi^2}{l^2}a^2t}\sin\frac{n\pi x}{l}\right],\end{aligned}$$

其中 C_n 为(4.27)所表示.

类似于上述这种变换还有很多,如下述方程:

$$u_{tt}=a^2u_{xx}+bu_x,$$

令 $u(x,t)=\mathrm{e}^{-\frac{bx}{2a^2}}V(x,t)$,代入可得

$$V_{tt}=a^2V_{xx}-\frac{b^2}{4a^2}V,$$

消去了原方程中的关于 x 的一阶导数项.

还有

$$u_{tt}=a^2u_{xx}+cu_t.$$

令 $u(x,t)=\mathrm{e}^{\frac{c}{2}t}V(x,t)$,代入方程可得

$$V_{tt}=a^2V_{xx}+\frac{c^2}{4}V,$$

这就消去了原方程中关于 t 的一阶导数项.

§5　积分变换法

我们在前面几节所讨论的定解问题中,空间变量 x 的取值范围均为 $[0,l]$,是有界区域,通过分离变量法,可以把关于 x 的函数表示为傅里叶级数的形式.

对于无界区域和半无界区域,比如考虑无界杆的热传导问题,则需要采用求解数学物理方程的另一种常用方法——积分变换法.本节主要介绍傅里叶变换和拉普拉斯变换.

5.1 傅里叶变换法

由高等数学中的知识,我们知道,一个以 $2l$ 为周期,在 $[-l,l]$ 上按段连续的函数 $f_l(x)$ 可展开成傅里叶级数

$$f_l(x)=\frac{a_0}{2}+\sum_{n=1}^{\infty}\left(a_n\cos\frac{n\pi x}{l}+b_n\sin\frac{n\pi x}{l}\right), \tag{5.1}$$

其中

$$\begin{cases}a_n=\dfrac{1}{l}\displaystyle\int_{-l}^{l}f_l(\xi)\cos\frac{n\pi\xi}{l}\mathrm{d}\xi, & n=0,1,2,\cdots,\\ b_n=\dfrac{1}{l}\displaystyle\int_{-l}^{l}f_l(\xi)\sin\frac{n\pi\xi}{l}\mathrm{d}\xi, & n=1,2,\cdots.\end{cases}$$

对于 **R** 上的任何一个非周期函数 $f(x)$,我们可以看作是一个周期为 $2l$ 的函数当 $l\to+\infty$ 时转化而来.为了说明这一点(如图 2.2 和图 2.3 所示),我们作周期为 $2l$ 的函数 $f_l(x)$ 如下:它在 $(-l,l)$ 内等于 $f(x)$,而在 $(-l,l)$ 之外按周期 $2l$ 延拓出去.

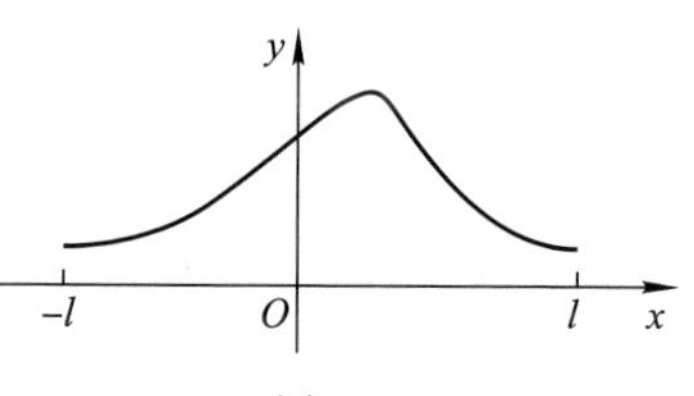

图 2.2

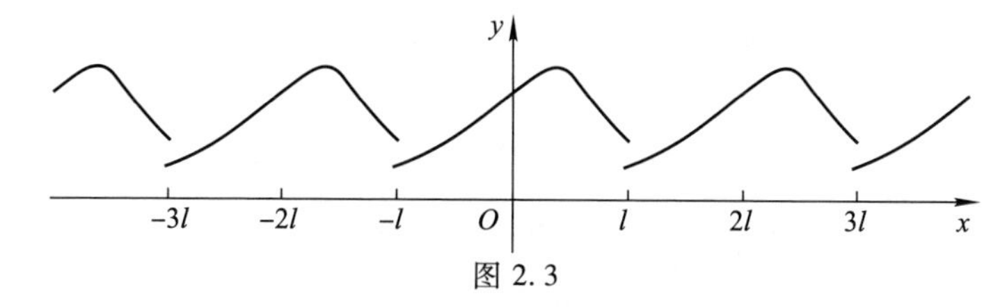

图 2.3

显然,l 越大,$f_l(x)$ 与 $f(x)$ 相等的范围就越大(图 2.4),这表明当 $l\to+\infty$ 时,周期函数 $f_l(x)$ 将转化为非周期函数 $f(x)$.这样在一定的条件下,傅里叶级数变成了一个积分形式,称之为**傅里叶积分**.

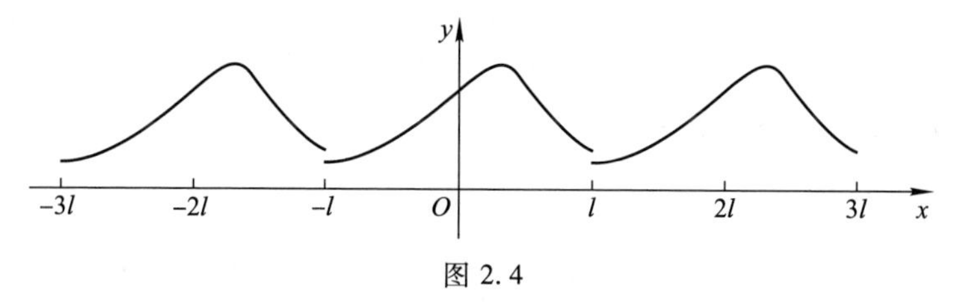

图 2.4

下面推导傅里叶积分.将 a_n,b_n 代入级数(5.1),可得

$$f_l(x)=\frac{1}{2l}\int_{-l}^{l}f(\xi)\,\mathrm{d}\xi+\sum_{n=1}^{\infty}\frac{1}{l}\int_{-l}^{l}f(\xi)\cos\frac{n\pi}{l}(\xi-x)\,\mathrm{d}\xi.$$

设 $f(x)$ 在 $(-\infty,+\infty)$ 上绝对可积,即 $\int_{-\infty}^{+\infty}|f(x)|\,\mathrm{d}x$ 为有限值,则当 $l\to+\infty$ 时,

$$f(x)=\lim_{l\to+\infty}f_l(x)=\lim_{l\to+\infty}\sum_{n=1}^{\infty}\frac{1}{l}\int_{-l}^{l}f(\xi)\cos\frac{n\pi}{l}(\xi-x)\,\mathrm{d}\xi,\tag{5.2}$$

若记 $\lambda_1=\frac{\pi}{l},\lambda_2=\frac{2\pi}{l},\cdots,\lambda_n=\frac{n\pi}{l},\cdots,\Delta\lambda_n=\lambda_{n+1}-\lambda_n=\frac{\pi}{l}$,则极限式(5.2)可写成

$$\begin{aligned}f(x)&=\lim_{\Delta\lambda_n\to0}\frac{1}{\pi}\sum_{n=1}^{\infty}\Delta\lambda_n\int_{-l}^{l}f(\xi)\cos\lambda_n(\xi-x)\,\mathrm{d}\xi\\&=\frac{1}{\pi}\int_{0}^{+\infty}\mathrm{d}\lambda\int_{-\infty}^{+\infty}f(\xi)\cos\lambda(\xi-x)\,\mathrm{d}\xi.\end{aligned}$$

由于被积函数 $\cos\lambda(\xi-x)$ 关于 λ 是偶函数,因此上式可变形为

$$f(x)=\frac{1}{2\pi}\int_{-\infty}^{+\infty}\mathrm{d}\lambda\int_{-\infty}^{+\infty}f(\xi)\cos\lambda(\xi-x)\,\mathrm{d}\xi.\tag{5.3}$$

(5.3)称为 $f(x)$ 的**傅里叶积分**.可以证明,在 $f(x)$ 及 $f'(x)$ 的连续点处,$f(x)$ 的傅里叶积分收敛于它在该点的函数值.

又由于 $\int_{-\infty}^{+\infty}f(\xi)\sin\lambda(\xi-x)\,\mathrm{d}\xi$ 关于 λ 是奇函数,于是有

$$\begin{aligned}0&=\lim_{A\to\infty}\frac{-\mathrm{i}}{2\pi}\int_{-A}^{A}\mathrm{d}\lambda\int_{-\infty}^{+\infty}f(\xi)\sin\lambda(\xi-x)\,\mathrm{d}\xi\\&=\frac{-\mathrm{i}}{2\pi}\int_{-\infty}^{+\infty}\mathrm{d}\lambda\int_{-\infty}^{+\infty}f(\xi)\sin\lambda(\xi-x)\,\mathrm{d}\xi.\end{aligned}\tag{5.4}$$

把(5.3)和(5.4)相加,并利用欧拉公式

$$\mathrm{e}^{\mathrm{i}x}=\cos x+\mathrm{i}\sin x,$$

可得

$$\begin{aligned}f(x)&=\frac{1}{2\pi}\int_{-\infty}^{+\infty}\mathrm{d}\lambda\int_{-\infty}^{+\infty}f(\xi)\mathrm{e}^{-\mathrm{i}\lambda(\xi-x)}\,\mathrm{d}\xi\\&=\frac{1}{2\pi}\int_{-\infty}^{+\infty}\left(\int_{-\infty}^{+\infty}f(\xi)\mathrm{e}^{-\mathrm{i}\lambda\xi}\,\mathrm{d}\xi\right)\mathrm{e}^{\mathrm{i}\lambda x}\,\mathrm{d}\lambda,\end{aligned}\tag{5.5}$$

(5.5)称为**指数型傅里叶积分公式**.

令

$$\mathscr{F}[f](\xi)=\int_{-\infty}^{+\infty}f(x)\mathrm{e}^{-\mathrm{i}x\xi}\,\mathrm{d}x,\quad \xi\in(-\infty,+\infty),\tag{5.6}$$

则由(5.5)可得

$$f(x)=\frac{1}{2\pi}\int_{-\infty}^{+\infty}\mathscr{F}[f](\xi)\mathrm{e}^{\mathrm{i}x\xi}\mathrm{d}\xi,\quad x\in(-\infty,+\infty).\tag{5.7}$$

称(5.6)式为函数 $f(x)$ 的**傅里叶变换**,$\mathscr{F}[f](\xi)$ 表示的是将 $f(x)$ 作傅里叶变换后得到的函数,此函数的变量是 ξ.(5.7)是将 $f(x)$ 作傅里叶变换后的函数还原回 $f(x)$,令 $\varphi(\xi)=\mathscr{F}[f](\xi)$,(5.7)也可以写为

$$\mathscr{F}^{-1}[\varphi](x)=\frac{1}{2\pi}\int_{-\infty}^{+\infty}\varphi(\xi)\mathrm{e}^{\mathrm{i}x\xi}\mathrm{d}\xi,\quad x\in(-\infty,+\infty).\tag{5.8}$$

称(5.8)为函数 $\varphi(\xi)$ 的**傅里叶逆变换**,$\mathscr{F}^{-1}[\varphi](x)$ 表示的是将 $\varphi(\xi)$ 作傅里叶逆变换后得到的函数,此函数的变量是 x.由(5.5),有

$$f(x)=\mathscr{F}^{-1}[\mathscr{F}[f]].\tag{5.9}$$

这表明傅里叶变换与傅里叶逆变换互为逆变换.

例 5.1 求 $f(x)=\mathrm{e}^{-\frac{x^2}{2}},x\in(-\infty,+\infty)$ 的傅里叶变换 $\mathscr{F}[f]$.

解 由(5.6),

$$\mathscr{F}[f](\xi)=\int_{-\infty}^{+\infty}\mathrm{e}^{-\frac{x^2}{2}}\mathrm{e}^{-\mathrm{i}x\xi}\mathrm{d}x=\mathrm{e}^{-\frac{\xi^2}{2}}\int_{-\infty}^{+\infty}\mathrm{e}^{-\frac{(x+\mathrm{i}\xi)^2}{2}}\mathrm{d}x,\quad \xi\in(-\infty,+\infty).$$

记 $\Gamma_R(R>0)$ 为矩形 $\{z=x+\mathrm{i}y\mid |x|<R,0<y<\xi\}$ 的边界,取逆时针方向为正方向.由柯西积分定理,

$$\int_{\Gamma_R}\mathrm{e}^{-\frac{z^2}{2}}\mathrm{d}z=0,$$

即

$$\int_{-R}^{R}\mathrm{e}^{-\frac{x^2}{2}}\mathrm{d}x+\int_{R}^{-R}\mathrm{e}^{-\frac{(x+\mathrm{i}\xi)^2}{2}}\mathrm{d}x+\mathrm{i}\int_{0}^{\xi}\mathrm{e}^{-\frac{(R+\mathrm{i}y)^2}{2}}\mathrm{d}y+\mathrm{i}\int_{\xi}^{0}\mathrm{e}^{-\frac{(-R+\mathrm{i}y)^2}{2}}\mathrm{d}y=0.$$

注意到

$$\lim_{R\to+\infty}\left[\int_{0}^{\xi}\mathrm{e}^{-\frac{(R+\mathrm{i}y)^2}{2}}\mathrm{d}y+\int_{\xi}^{0}\mathrm{e}^{-\frac{(-R+\mathrm{i}y)^2}{2}}\mathrm{d}y\right]=0,$$

故

$$\lim_{R\to+\infty}\int_{-R}^{R}\mathrm{e}^{-\frac{(x+\mathrm{i}\xi)^2}{2}}\mathrm{d}x=\lim_{R\to+\infty}\int_{-R}^{R}\mathrm{e}^{-\frac{x^2}{2}}\mathrm{d}x=\int_{-\infty}^{+\infty}\mathrm{e}^{-\frac{x^2}{2}}\mathrm{d}x=\sqrt{2\pi}.$$

于是

$$\mathscr{F}[f](\xi)=\sqrt{2\pi}\,\mathrm{e}^{-\frac{\xi^2}{2}},\quad \xi\in\mathbf{R}.$$

下面介绍傅里叶变换的几个基本性质.为了叙述方便,我们假设进行傅里叶变换的函数都满足傅里叶变换的条件.

线性性质 设 α,β 为任意常数,f_1,f_2 为给定函数,则有

$$\mathscr{F}[\alpha f_1+\beta f_2]=\alpha\mathscr{F}[f_1]+\beta\mathscr{F}[f_2].$$

线性性质由定义(5.6)可直接得到.

微分性质　设 $f(x)$ 可微, f 和 f' 均满足傅里叶变换条件,则有

(i) $\mathscr{F}[f'](\xi)=\mathrm{i}\xi\mathscr{F}[f](\xi)$, $\quad\mathscr{F}^{-1}[f'](x)=-\mathrm{i}x\mathscr{F}^{-1}[f](x)$;

(ii) $(\mathscr{F}[f])'(\xi)=\mathscr{F}[-\mathrm{i}xf(x)](\xi)$, $\quad(\mathscr{F}^{-1}[f])'(x)=\mathscr{F}^{-1}[\mathrm{i}\xi f(\xi)](x)$.

证明　仅证明傅里叶变换的微分性质,傅里叶逆变换情形的证明类似.

(i) 由傅里叶变换的定义

$$\mathscr{F}[f'](\xi)=\int_{-\infty}^{+\infty}f'(x)\mathrm{e}^{-\mathrm{i}x\xi}\mathrm{d}x,\quad \xi\in(-\infty,+\infty).$$

分部积分并利用 $\lim\limits_{|x|\to\infty}f(x)=0$,得

$$\begin{aligned}\mathscr{F}[f'](\xi)&=f(x)\mathrm{e}^{-\mathrm{i}x\xi}\Big|_{-\infty}^{+\infty}-\int_{-\infty}^{+\infty}f(x)\mathrm{e}^{-\mathrm{i}x\xi}(-\mathrm{i}\xi)\mathrm{d}x\\&=\mathrm{i}\xi\int_{-\infty}^{+\infty}f(x)\mathrm{e}^{-\mathrm{i}x\xi}\mathrm{d}x\\&=\mathrm{i}\xi\mathscr{F}[f](\xi),\quad \xi\in(-\infty,+\infty).\end{aligned}$$

(ii) $$\begin{aligned}(\mathscr{F}[f])'(\xi)&=\int_{-\infty}^{+\infty}f(x)\frac{\partial}{\partial\xi}(\mathrm{e}^{-\mathrm{i}x\xi})\mathrm{d}x\\&=\int_{-\infty}^{+\infty}f(x)(-\mathrm{i}x)\mathrm{e}^{-\mathrm{i}x\xi}\mathrm{d}x\\&=\mathscr{F}[-\mathrm{i}xf(x)](\xi),\quad \xi\in(-\infty,+\infty).\end{aligned}$$

平移和伸缩性质　对任意的常数 $a,b,b\neq0$,有

(i) $\mathscr{F}[f(x-a)](\xi)=\mathrm{e}^{-\mathrm{i}a\xi}\mathscr{F}[f](\xi)$,

$\mathscr{F}^{-1}[f(\xi-a)](x)=\mathrm{e}^{\mathrm{i}ax}\mathscr{F}^{-1}[f](x)$;

(ii) $\mathscr{F}[f(bx)](\xi)=\dfrac{1}{|b|}\mathscr{F}[f]\left(\dfrac{\xi}{b}\right)$,

$$\mathscr{F}^{-1}[f(b\xi)](x)=\frac{1}{|b|}\mathscr{F}^{-1}[f]\left(\frac{x}{b}\right).$$

证明　仅证明傅里叶变换的情形.

(i) 由傅里叶变换的定义得

$$\begin{aligned}\mathscr{F}[f(x-a)](\xi)&=\int_{-\infty}^{+\infty}f(x-a)\mathrm{e}^{-\mathrm{i}x\xi}\mathrm{d}x\\&=\int_{-\infty}^{+\infty}f(y)\mathrm{e}^{-\mathrm{i}(y+a)\xi}\mathrm{d}y\\&=\mathrm{e}^{-\mathrm{i}a\xi}\int_{-\infty}^{+\infty}f(y)\mathrm{e}^{-\mathrm{i}y\xi}\mathrm{d}y\\&=\mathrm{e}^{-\mathrm{i}a\xi}\mathscr{F}[f](\xi),\quad \xi\in(-\infty,+\infty).\end{aligned}$$

(ii) 对 $b<0$,令 $y=bx$,由傅里叶变换的定义有

$$
\begin{aligned}
\mathscr{F}[f(bx)](\xi) &= \int_{-\infty}^{+\infty} f(bx)\,\mathrm{e}^{-\mathrm{i}x\xi}\,\mathrm{d}x \\
&= -\frac{1}{b}\int_{-\infty}^{+\infty} f(y)\,\mathrm{e}^{-\mathrm{i}y\frac{\xi}{b}}\,\mathrm{d}y \\
&= \frac{1}{|b|}\int_{-\infty}^{+\infty} f(y)\,\mathrm{e}^{-\mathrm{i}y\frac{\xi}{b}}\,\mathrm{d}y \\
&= \frac{1}{|b|}\mathscr{F}[f]\left(\frac{\xi}{b}\right),\quad \xi\in(-\infty,+\infty).
\end{aligned}
$$

对于 $b>0$ 的情形可类似得到.

卷积性质 用 f_1*f_2 表示函数 $f_1(x)$ 与函数 $f_2(x)$ 的卷积,其中

$$
(f_1*f_2)(x)=\int_{-\infty}^{+\infty} f_1(x-y)f_2(y)\,\mathrm{d}y,\quad x\in(-\infty,+\infty).
$$

则有

(i) $\mathscr{F}[f_1*f_2]=\mathscr{F}[f_1]\mathscr{F}[f_2]$, $\mathscr{F}^{-1}[f_1*f_2]=2\pi\mathscr{F}^{-1}[f_1]\mathscr{F}^{-1}[f_2]$;

(ii) $\mathscr{F}[f_1f_2]=\frac{1}{2\pi}\mathscr{F}[f_1]*\mathscr{F}[f_2]$, $\mathscr{F}^{-1}[f_1f_2]=\mathscr{F}^{-1}[f_1]*\mathscr{F}^{-1}[f_2]$.

证明 仅证明傅里叶变换的情形.

(i) 由傅里叶变换的定义有

$$
\begin{aligned}
\mathscr{F}[f_1*f_2](\xi) &= \int_{-\infty}^{+\infty} \mathrm{e}^{-\mathrm{i}x\xi}\left[\int_{-\infty}^{+\infty} f_1(x-y)f_2(y)\,\mathrm{d}y\right]\mathrm{d}x \\
&= \int_{-\infty}^{+\infty}\left[\int_{-\infty}^{+\infty} \mathrm{e}^{-\mathrm{i}(x-y)\xi} f_1(x-y)\,\mathrm{d}x\right]\mathrm{e}^{-\mathrm{i}y\xi}f_2(y)\,\mathrm{d}y \\
&= \mathscr{F}[f_1](\xi)\int_{-\infty}^{+\infty}\mathrm{e}^{-\mathrm{i}y\xi}f_2(y)\,\mathrm{d}y \\
&= \mathscr{F}[f_1](\xi)\mathscr{F}[f_2](\xi),\quad \xi\in(-\infty,+\infty).
\end{aligned}
$$

(ii) 利用(i)中的

$$
\mathscr{F}^{-1}[f_1*f_2]=2\pi\mathscr{F}^{-1}[f_1]\mathscr{F}^{-1}[f_2],
$$

两边同时作傅里叶变换得

$$
f_1*f_2=2\pi\mathscr{F}\left[\mathscr{F}^{-1}[f_1]\mathscr{F}^{-1}[f_2]\right], \tag{5.10}
$$

记 $\mathscr{F}^{-1}[f_1]=g_1$,$\mathscr{F}^{-1}[f_2]=g_2$,则有 $f_1=\mathscr{F}[g_1]$,$f_2=\mathscr{F}[g_2]$,代入(5.10)中,得

$$
\mathscr{F}[g_1g_2]=\frac{1}{2\pi}\mathscr{F}[g_1]*\mathscr{F}[g_2].
$$

下面用两个例子来演示一下如何运用傅里叶变换法求解无界域上的定解问题.

例 5.2　求解下列问题

$$\begin{cases} u_{tt}=a^2u_{xx}, & -\infty<x<\infty, t>0, \\ u|_{t=0}=\varphi(x), \quad u_t|_{t=0}=\psi(x), & -\infty<x<\infty. \end{cases} \tag{5.11}$$

解　设 $u(x,t)$ 关于 x 的傅里叶变换存在,记

$$\hat{u}=\mathscr{F}[u](\xi,t)=\int_{-\infty}^{+\infty}u(x,t)\mathrm{e}^{-\mathrm{i}x\xi}\mathrm{d}x, \quad \xi\in(-\infty,+\infty),$$

$$\hat{\varphi}=\mathscr{F}[\varphi](\xi), \quad \hat{\psi}=\mathscr{F}[\psi](\xi), \quad \xi\in(-\infty,+\infty).$$

对定解问题(5.11)关于 x 作傅里叶变换,利用微分性质(ⅰ)可得

$$\begin{cases} \dfrac{\partial^2\hat{u}}{\partial t^2}+a^2\xi^2\hat{u}=0, \quad t>0, \\ \hat{u}(\xi,0)=\hat{\varphi}(\xi), \quad \dfrac{\partial\hat{u}}{\partial t}(\xi,0)=\hat{\psi}(\xi), \end{cases} \tag{5.12}$$

其中 $\xi\in(-\infty,+\infty)$.问题(5.12)是一个二阶常微分方程的初值问题,解之可得

$$\hat{u}(\xi,t)=\hat{\varphi}(\xi)\cos a\xi t+\hat{\psi}(\xi)\frac{\sin a\xi t}{a\xi}. \tag{5.13}$$

利用傅里叶变换的性质(5.9),有

$$\begin{aligned} u(x,t)&=\mathscr{F}^{-1}[\mathscr{F}[u]]=\mathscr{F}^{-1}[\hat{u}] \\ &=\frac{1}{2\pi}\int_{-\infty}^{+\infty}\left[\hat{\varphi}(\xi)\cos a\xi t+\hat{\psi}(\xi)\frac{\sin a\xi t}{a\xi}\right]\mathrm{e}^{\mathrm{i}x\xi}\mathrm{d}\xi. \end{aligned} \tag{5.14}$$

又

$$\begin{aligned} &\int_{-\infty}^{+\infty}\hat{\varphi}(\xi)\cos a\xi t\mathrm{e}^{\mathrm{i}x\xi}\mathrm{d}\xi \\ =&\frac{1}{2}\int_{-\infty}^{+\infty}\hat{\varphi}(\xi)[\mathrm{e}^{\mathrm{i}\xi(x+at)}+\mathrm{e}^{\mathrm{i}\xi(x-at)}]\mathrm{d}\xi \\ =&\pi[\varphi(x+at)+\varphi(x-at)]. \end{aligned}$$

类似地,

$$\begin{aligned} &\int_{-\infty}^{+\infty}\hat{\psi}(\xi)\frac{\sin a\xi t}{a\xi}\mathrm{e}^{\mathrm{i}x\xi}\mathrm{d}\xi \\ =&\int_{-\infty}^{+\infty}\hat{\psi}(\xi)\left[\int_0^t\cos a\xi\tau\mathrm{d}\tau\right]\mathrm{e}^{\mathrm{i}x\xi}\mathrm{d}\xi \\ =&\int_0^t\left[\int_{-\infty}^{+\infty}\hat{\psi}(\xi)\cos a\xi\tau\mathrm{e}^{\mathrm{i}x\xi}\mathrm{d}\xi\right]\mathrm{d}\tau \\ =&\pi\int_0^t[\psi(x+a\tau)+\psi(x-a\tau)]\mathrm{d}\tau \end{aligned}$$

$$=\frac{\pi}{a}\int_{x-at}^{x+at}\psi(\xi)\,\mathrm{d}\xi,$$

代入(5.14),可得原定解问题的解为

$$u(x,t)=\frac{1}{2}[\varphi(x+at)+\varphi(x-at)]+\frac{1}{2a}\int_{x-at}^{x+at}\psi(\xi)\,\mathrm{d}\xi.$$

这和下一章用达朗贝尔(d'Alembert)解法得到的结果是一样的.

例 5.3 求解定解问题($a>0$)

$$\begin{cases}u_t=a^2u_{xx}, & -\infty<x<+\infty,t>0,\\ u(x,0)=\varphi(x), & -\infty<x<+\infty.\end{cases}\tag{5.15}$$

解 设 $u(x,t)$ 关于 x 的傅里叶变换存在,记

$$\hat{u}=\mathscr{F}[u](\xi,t),\quad \hat{\varphi}=\mathscr{F}[\varphi](\xi),\quad \xi\in(-\infty,+\infty).$$

对定解问题(5.15)关于 x 作傅里叶变换,利用微分性质可得

$$\begin{cases}\hat{u}_t+a^2\xi^2\hat{u}=0, & t>0,\xi\in(-\infty,+\infty),\\ \hat{u}(\xi,0)=\hat{\varphi}(\xi), & \xi\in(-\infty,+\infty).\end{cases}\tag{5.16}$$

求解常微分方程初值问题(5.16),得到

$$\hat{u}(\xi,t)=\hat{\varphi}(\xi)\mathrm{e}^{-a^2\xi^2t}.$$

对 $\hat{u}$ 作傅里叶逆变换,利用卷积性质(ii)有

$$\begin{aligned}u(x,t)&=\mathscr{F}^{-1}[\hat{u}]=\mathscr{F}^{-1}[\hat{\varphi}(\xi)\mathrm{e}^{-a^2\xi^2t}]\\&=\mathscr{F}^{-1}[\hat{\varphi}]*\mathscr{F}^{-1}[\mathrm{e}^{-a^2\xi^2t}]\\&=\varphi*\mathscr{F}^{-1}[\mathrm{e}^{-a^2\xi^2t}].\end{aligned}\tag{5.17}$$

下面计算 $\mathscr{F}^{-1}[\mathrm{e}^{-a^2\xi^2t}]$.在本章例 5.1 中我们得到结果

$$\mathscr{F}[\mathrm{e}^{-\frac{x^2}{2}}]=\sqrt{2\pi}\,\mathrm{e}^{-\frac{\xi^2}{2}}.$$

两边作傅里叶逆变换,有

$$\mathscr{F}^{-1}[\mathrm{e}^{-\frac{\xi^2}{2}}]=\frac{1}{\sqrt{2\pi}}\mathrm{e}^{-\frac{x^2}{2}}.$$

记 $g(x)=\mathrm{e}^{-\frac{x^2}{2}}$,则 $\mathrm{e}^{-a^2\xi^2t}=g(\sqrt{2a^2t}\,\xi)$.利用平移和伸缩性质(ii),有

$$\begin{aligned}\mathscr{F}^{-1}[\mathrm{e}^{-a^2\xi^2t}]&=\mathscr{F}^{-1}[g(\sqrt{2a^2t}\,\xi)]\\&=\frac{1}{\sqrt{2a^2t}}\mathscr{F}^{-1}[g]\left(\frac{x}{\sqrt{2a^2t}}\right)\\&=\frac{1}{2a\sqrt{\pi t}}\mathrm{e}^{-\frac{x^2}{4a^2t}}.\end{aligned}$$

把上面结果代入到(5.17)中,得到定解问题(5.15)的解为

$$u(x,t)=\frac{1}{2a\sqrt{\pi t}}\int_{-\infty}^{+\infty}\varphi(y)\mathrm{e}^{-\frac{(x-y)^2}{4a^2t}}\mathrm{d}y.$$

5.2 拉普拉斯变换法

前面介绍了傅里叶变换法,傅里叶变换的函数必须在$(-\infty,+\infty)$上有定义.但在许多实际问题中,所遇到的函数往往只在$[0,+\infty)$上有定义,比如以时间t为变量的函数,这时我们将采用另一种变换方法——拉普拉斯变换(或简称拉氏变换).

设函数$f(t)$定义在$[0,+\infty)$上,并且积分

$$\int_0^{+\infty}f(t)\mathrm{e}^{-st}\mathrm{d}t$$

在s的某个区域内收敛,则称该积分为$f(t)$的**拉普拉斯变换**.记为

$$\mathscr{L}[f(t)]=\int_0^{+\infty}f(t)\mathrm{e}^{-st}\mathrm{d}t,$$

其中s可以为实数,也可以为复数.记

$$F(s)=\mathscr{L}[f(t)],$$

则$F(s)$为$f(t)$的拉普拉斯变换,称$f(t)$为$F(s)$的拉普拉斯逆变换,记作

$$f(t)=\mathscr{L}^{-1}[F(s)].$$

下面列出拉普拉斯变换的一些重要性质,详细证明可见参考文献[8][22]等.

线性性质 设α,β为常数,

$$\mathscr{L}[\alpha f_1+\beta f_2]=\alpha\mathscr{L}[f_1]+\beta\mathscr{L}[f_2].$$

位移性质 设$\tau>0$,则

$$\mathscr{L}[f(t-\tau)]=\mathrm{e}^{-s\tau}\mathscr{L}[f(t)].$$

相似性质 设$a>0,F(s)=\mathscr{L}[f(t)]$,则

$$\mathscr{L}[f(at)]=\frac{1}{a}F\left(\frac{s}{a}\right).$$

微分性质

$$\mathscr{L}[f'(t)]=s\mathscr{L}[f(t)]-f(0),$$

$$\mathscr{L}[f''(t)]=s^2\mathscr{L}[f(t)]-sf(0)-f'(0),$$

$$\cdots\cdots$$

$$\mathscr{L}[f^{(n)}(t)]=s^n\mathscr{L}[f(t)]-s^{n-1}f(0)-s^{n-2}f'(0)-\cdots-f^{(n-1)}(0).$$

积分性质

$$\mathscr{L}\left[\int_0^t f(\tau)\mathrm{d}\tau\right]=\frac{1}{s}\mathscr{L}[f(t)].$$

卷积性质

$$\mathscr{L}[f_1(t)*f_2(t)]=\mathscr{L}[f_1(t)]\cdot\mathscr{L}[f_2(t)],$$

其中

$$f_1(t)*f_2(t)=\int_0^t f_1(\tau)f_2(t-\tau)\mathrm{d}\tau.$$

例 5.4 用拉氏变换求解下列定解问题:

$$\begin{cases}u_t=a^2u_{xx}, & x>0,t>0, & (5.18)\\ u\big|_{t=0}=0, & x\geqslant 0, & (5.19)\\ u\big|_{x=0}=f(t), & t\geqslant 0. & (5.20)\end{cases}$$

解 这个问题显然不能用傅里叶变换来求解,因为 x,t 的变化范围都是 $(0,+\infty)$,下面用拉氏变换来解.从 x,t 的变化范围来看,对 x 与 t 都能取拉氏变换,但由于方程(5.18)中包含有$\dfrac{\partial^2 u}{\partial x^2}$,而在 $x=0$ 处未给出$\dfrac{\partial u}{\partial x}$的值,故不能对 x 取拉氏变换.而对 t 来说,由于方程(5.18)中只出现关于 t 的一阶偏导数,只要知道当 $t=0$ 时 u 的值就够了.这个值已由(5.19)给出,故我们采用关于 t 的拉氏变换.

用 $U(x,s)$,$F(s)$分别表示函数 $u(x,t)$,$f(t)$关于 t 的拉氏变换,即

$$U(x,s)=\int_0^{+\infty}u(x,t)\mathrm{e}^{-st}\mathrm{d}t,$$

$$F(s)=\int_0^{+\infty}f(t)\mathrm{e}^{-st}\mathrm{d}t.$$

首先,对方程(5.18)的两端取拉氏变换,并利用条件(5.19),可得

$$\frac{\mathrm{d}^2U(x,s)}{\mathrm{d}x^2}-\frac{s}{a^2}U(x,s)=0, \tag{5.21}$$

再对条件(5.20)取同样的变换,可得

$$U(x,s)\big|_{x=0}=F(s). \tag{5.22}$$

方程(5.21)是关于 $U(x,s)$的线性二阶常系数的常微分方程,它的通解为

$$U(x,s)=C_1\mathrm{e}^{-\frac{\sqrt{s}}{a}x}+C_2\mathrm{e}^{\frac{\sqrt{s}}{a}x},$$

由于当 $x\to+\infty$ 时,$u(x,t)$应该有界,所以 $U(x,s)$也应该有界,故 $C_2=0$.再由条件(5.22)可得 $C_1=F(s)$,从而可得

$$U(x,s)=F(s)\mathrm{e}^{-\frac{\sqrt{s}}{a}x}.$$

为了求原定解问题的解 $u(x,t)$,需要对 $U(x,s)$求拉氏逆变换,又

$$\mathscr{L}^{-1}\left[\frac{1}{s}\mathrm{e}^{-\frac{x}{a}\sqrt{s}}\right]=\frac{2}{\sqrt{\pi}}\int_{\frac{x}{2a\sqrt{t}}}^{+\infty}\mathrm{e}^{-y^2}\mathrm{d}y.$$

再根据拉氏变换的微分性质可得

$$\mathscr{L}^{-1}[\mathrm{e}^{-\frac{x}{a}\sqrt{s}}]=\mathscr{L}^{-1}\left[s\cdot\frac{1}{s}\mathrm{e}^{-\frac{x}{a}\sqrt{s}}\right]$$

$$=\frac{\mathrm{d}}{\mathrm{d}t}\left(\frac{2}{\sqrt{\pi}}\int_{\frac{x}{2a\sqrt{t}}}^{\infty}\mathrm{e}^{-y^2}\mathrm{d}y\right)$$

$$=\frac{x}{2a\sqrt{\pi}\,t^{\frac{3}{2}}}\mathrm{e}^{-\frac{x^2}{4a^2t}},$$

最后由拉氏变换的卷积性质可得

$$u(x,t)=\mathscr{L}^{-1}[F(s)\mathrm{e}^{-\frac{x}{a}\sqrt{s}}]$$

$$=\frac{x}{2a\sqrt{\pi}}\int_0^t f(\tau)\frac{1}{(t-\tau)^{\frac{3}{2}}}\mathrm{e}^{-\frac{x^2}{4a^2(t-\tau)}}\mathrm{d}\tau.$$

这就是定解问题(5.18)—(5.20)的解.

通过上面求解定解问题的例子可以看出,用积分变换法解定解问题的过程可分为以下四步:

(1) 根据自变量的变化范围以及定解条件的具体情况,选取适当的积分变换,然后对方程的两端取变换,把一个含两个自变量的偏微分方程化为含一个参变量的常微分方程.

(2) 对定解条件取相应的变换,导出新方程的定解条件.

(3) 解所得的常微分方程,求得原定解问题解的变换式(即像函数).

(4) 对所得的变换式取逆变换,得到原定解问题的解.

当然,在用积分变换解定解问题时,是假定所求的解及定解条件中的已知函数都是能够取积分变换的,即假定它们的积分变换都存在.一个未知函数当它未求出以前是很难判断它是否存在此积分变换的,所以,用积分变换法所求的解都只是形式解.

习 题 二

1. 求解下列定解问题:

(1) $$\begin{cases}\dfrac{\partial^2 u}{\partial t^2}=a^2\dfrac{\partial^2 u}{\partial x^2}, & 0<x<l,t>0,\\ u(0,t)=u(l,t)=0, & t\geqslant 0,\\ u(x,0)=A\sin\dfrac{5\pi}{l}x,u_t(x,0)=0, & 0\leqslant x\leqslant l,\end{cases}$$

其中 A 为任意常数.

(2) $\begin{cases} \dfrac{\partial^2 u}{\partial t^2}=a^2\dfrac{\partial^2 u}{\partial x^2}, & 0<x<l,t>0, \\ u(0,t)=u_x(l,t)=0, & t\geqslant 0, \\ u(x,0)=\varphi(x),u_t(x,0)=\psi(x), & 0\leqslant x\leqslant l. \end{cases}$

(3) $\begin{cases} \dfrac{\partial u}{\partial t}=a^2\dfrac{\partial^2 u}{\partial x^2}, & 0<x<l,t>0, \\ u_x(0,t)=u_x(l,t)=0, & t\geqslant 0, \\ u(x,0)=\varphi(x), & 0\leqslant x\leqslant l. \end{cases}$

2. 将下列定解问题化为齐边值条件的问题:

(1) $\begin{cases} u_{tt}=a^2u_{xx}, & 0<x<l,t>0, \\ u(0,t)=0,u(l,t)=A\sin\omega t, & t\geqslant 0, \\ u(x,0)=u_t(x,0)=0, & 0\leqslant x\leqslant l, \end{cases}$

其中 A,ω 皆为常数.

(2) $\begin{cases} u_{tt}=a^2u_{xx}, & 0<x<l,t>0, \\ u(0,t)=0,u_x(l,t)=A\sin\omega t, & t\geqslant 0, \\ u(x,0)=u_t(x,0)=0, & 0\leqslant x\leqslant l, \end{cases}$

其中 A,ω 皆为常数.

(3) $\begin{cases} u_{tt}=u_{xx}, & 0<x<l,t>0, \\ u_x(0,t)=t^2,(u_x+u)(l,t)=t, & t\geqslant 0, \\ u(x,0)=u_x(x,0)=0, & 0\leqslant x\leqslant l. \end{cases}$

3. 用固有函数展开法求解:

(1) $\begin{cases} u_{tt}=u_{xx}, & 0<x<l,t>0, \\ u_x(0,t)=A\sin\omega t,u(l,t)=0, & t\geqslant 0, \\ u(x,0)=1,u_t(x,0)=0, & 0\leqslant x\leqslant l, \end{cases}$

其中 A,ω 皆为常数.

(2) $\begin{cases} \dfrac{\partial^2 u}{\partial t^2}=a^2\dfrac{\partial^2 u}{\partial x^2}+f(x,t), & 0<x<l,t>0, \\ u(0,t)=u(l,t)=0, & t\geqslant 0, \\ u(x,0)=u_t(x,0)=0, & 0\leqslant x\leqslant l. \end{cases}$

(3) $\begin{cases} \dfrac{\partial^2 u}{\partial r^2}+\dfrac{1}{r}\dfrac{\partial u}{\partial r}+\dfrac{1}{r^2}\dfrac{\partial^2 u}{\partial \theta^2}=\sin\dfrac{2\pi}{\alpha}\theta+2\sin\dfrac{4\pi}{\alpha}\theta, & 0<r<R,0<\theta<\alpha, \\ u\big|_{\theta=0}=u\big|_{\theta=\alpha}=0, & r\in[0,R], \\ u\big|_{r=R}=\varphi(\theta), & \theta\in[0,\alpha]. \end{cases}$

4. 求解混合问题:

$$\begin{cases}u_t=a^2u_{xx}, & 0<x<l,t>0,\\ u_x(0,t)=u(l,t)=0, & t\geqslant 0,\\ u(x,0)=x^2(l-x), & 0\leqslant x\leqslant l.\end{cases}$$

5. 用杜阿梅尔原理求解下列定解问题：

(1) $\begin{cases}u_{tt}=a^2u_{xx}+A(x)\cos\omega t, & 0<x<l,t>0,\\ u(0,t)=u(l,t)=0, & t\geqslant 0,\\ u(x,0)=u_t(x,0)=0, & 0\leqslant x\leqslant l,\end{cases}$

其中 $A(x)$ 为已知函数，ω 为常数.

(2) $\begin{cases}u_{tt}=a^2u_{xx}+A(x)\sin\omega t, & 0<x<l,t>0,\\ u_x(0,t)=u_x(l,t)=t, & t\geqslant 0,\\ u(x,0)=u_t(x,0)=0, & 0\leqslant x\leqslant l,\end{cases}$

其中 $A(x)$ 为已知函数，ω 为常数.

6. 求解下列定解问题：

(1) $\begin{cases}\dfrac{\partial u}{\partial t}=a^2\dfrac{\partial^2u}{\partial x^2}+x, & 0<x<l,t>0,\\ u(0,t)=A,u(l,t)=B, & t\geqslant 0,\\ u(x,0)=\varphi(x), & 0\leqslant x\leqslant l,\end{cases}$

其中 A,B 为常数.

(2) $\begin{cases}\dfrac{\partial u}{\partial t}=a^2\dfrac{\partial^2u}{\partial x^2}+Ae^{\alpha x}, & 0<x<\pi,t>0,\\ u\big|_{x=0}=u\big|_{x=\pi}=0, & t\geqslant 0,\\ u\big|_{t=0}=\sin x, & 0\leqslant x\leqslant \pi,\end{cases}$

其中 A,α 为常数.

7. 求解拉普拉斯方程 $\dfrac{\partial^2u}{\partial x^2}+\dfrac{\partial^2u}{\partial^2y}=0$ 在圆 $\rho=R$ 外的第一边值问题.已知 $u(R,\varphi)=A\sin^3\varphi+B$，其中 A,B 为常数.

8. 求解简支梁的横向微自由振动问题：

$$\begin{cases}u_{tt}+a^2u_{xxxx}=0, & 0<x<l,t>0,\\ u(0,t)=u_{xx}(0,t)=0, & t\geqslant 0,\\ u(l,t)=u_{xx}(l,t)=0, & t\geqslant 0,\\ u(x,0)=\varphi(x),u_t(x,0)=\psi(x), & 0\leqslant x\leqslant l.\end{cases}$$

9. 用傅里叶变换法求解下列定解问题：

(1) $\begin{cases} u_t+au_x=f(x,t), & -\infty<x<+\infty, \quad t>0, \\ u(x,0)=\varphi(x), & -\infty<x<+\infty. \end{cases}$

(2) $\begin{cases} u_{tt}=u_{xx}-u, & -\infty<x<+\infty, \\ u(x,0)=0, \quad u_t(x,0)=x, & -\infty<x<+\infty, \quad t>0. \end{cases}$

10. 用积分变换法求解下列定解问题:

(1) $\begin{cases} \dfrac{\partial u}{\partial t}=a^2\dfrac{\partial^2 u}{\partial x^2}, & 0<x<l, t>0, \\ u\big|_{t=0}=u_0(x), & 0\leqslant x\leqslant l, \\ \dfrac{\partial u}{\partial x}\Big|_{x=0}=0, u\big|_{x=l}=u_1(t), & t\geqslant 0. \end{cases}$

(2) $\begin{cases} \dfrac{\partial^2 u}{\partial x\partial y}=1, & x>0, y>0, \\ u\big|_{x=0}=y+1, & y\geqslant 0, \\ u\big|_{y=0}=1, & x\geqslant 0. \end{cases}$

第二章自测题

第三章
行 波 法

在上一章中,我们用分离变量法在规则且有限的区域上得到了波动方程定解问题的解,并用积分变换法得到了无界区域上波动方程初值问题的解.本章要讨论的是利用特征线求解一维无界域上波动方程的定解问题的一种方法——**行波法**,又称**达朗贝尔解法**,并由此得到高维情形的解.

§1 弦振动方程的初值问题

1.1 达朗贝尔公式

上一章我们用分离变量法讨论波动方程时,得到了驻波,并解释了驻波的形成通常是在前进波与反射波相干涉的情况下发生的.如果所研究的弦长度很长,而我们又只想知道在较短时间内或离边界较远的一段范围中弦的运动情况,那么边界条件的影响就可以不予考虑.此时的波只是在向前传播着,成为行进波,而这种波可以归结为下列定解问题(初值问题)

$$\begin{cases} u_{tt}=a^2u_{xx}, \quad -\infty<x<\infty, t>0, & (1.1) \\ u(x,0)=\varphi(x), \quad u_t(x,0)=\psi(x), \quad -\infty<x<\infty, & (1.2) \end{cases}$$

其中 $\varphi(x)$,$\psi(x)$为已知函数.研究“无限长”杆的自由纵振动、“无限长”传输线上电流或电压的变化(电阻、电流均为零),都可以归结为初值问题(1.1)(1.2).

为了求解(1.1)(1.2),我们仿照求解常微分方程的初值问题,先求方程的通解,再由初值条件确定出通解中的任意常数.

变换方程(1.1)的形式

$$\left(\frac{\partial}{\partial t}+a\frac{\partial}{\partial x}\right)\left(\frac{\partial}{\partial t}-a\frac{\partial}{\partial x}\right)u=0, \tag{1.3}$$

因而,我们试图寻找两个特殊的微分算子$\frac{\partial}{\partial\xi}$和$\frac{\partial}{\partial\eta}$,其中

$$\frac{\partial}{\partial\xi}=A\left(\frac{\partial}{\partial t}+a\frac{\partial}{\partial x}\right),\quad A\text{ 为常数},\tag{1.4}$$

$$\frac{\partial}{\partial\eta}=B\left(\frac{\partial}{\partial t}-a\frac{\partial}{\partial x}\right),\quad B\text{ 为常数},\tag{1.5}$$

于是方程(1.1)可变化为

$$\frac{\partial^2 u}{\partial\xi\partial\eta}=0,\tag{1.6}$$

从而立即可得其通解.为了找到这两个算子,我们把x,t看成ξ,η的函数,即

$$x=x(\xi,\eta),\quad t=t(\xi,\eta).$$

由复合函数求导法则,可得

$$\frac{\partial}{\partial\xi}=\frac{\partial}{\partial t}\frac{\partial t}{\partial\xi}+\frac{\partial}{\partial x}\frac{\partial x}{\partial\xi},$$

$$\frac{\partial}{\partial\eta}=\frac{\partial}{\partial t}\frac{\partial t}{\partial\eta}+\frac{\partial}{\partial x}\frac{\partial x}{\partial\eta},$$

同(1.4)(1.5)比较,知

$$\frac{\partial t}{\partial\xi}=A,\quad \frac{\partial t}{\partial\eta}=B,$$

$$\frac{\partial x}{\partial\xi}=Aa,\quad \frac{\partial x}{\partial\eta}=-Ba,$$

所以可取

$$t=A\xi+B\eta,\quad x=Aa\xi-Ba\eta.\tag{1.7}$$

在(1.7)中,把ξ,η看成x,t的函数,容易解得

$$\xi=\frac{x+at}{2Aa},\quad \eta=-\frac{x-at}{2Ba}.$$

为了简便,取$A=\frac{1}{2a},B=-\frac{1}{2a}$,就得到了所要的变换

$$\begin{cases}\xi=x+at,\\ \eta=x-at.\end{cases}\tag{1.8}$$

对(1.6)关于η积分一次可得

$$u_\xi=c(\xi),$$

再对上式关于ξ积分一次可得

$$u=\int c(\xi)\,\mathrm{d}\xi=f_1(\xi)+f_2(\eta),$$

其中 $f_1(\xi)$, $f_2(\eta)$ 分别是关于 ξ,η 的任意函数.把(1.8)代入上式,可得方程(1.1)的通解为

$$u(x,t)=f_1(x+at)+f_2(x-at). \tag{1.9}$$

为了确定 f_1,f_2 的具体函数形式,需要借助初值条件(1.2),把 $u(x,t)$ 代入(1.2)得

$$u(x,0)=\varphi(x)=f_1(x)+f_2(x),$$

$$u_t(x,0)=\psi(x)=af'_1(x)-af'_2(x),$$

即

$$f_1(x)-f_2(x)=\frac{1}{a}\int_{x_0}^{x}\psi(\alpha)\mathrm{d}\alpha+C,$$

解得

$$f_1(x)=\frac{1}{2}\varphi(x)+\frac{1}{2a}\int_{x_0}^{x}\psi(\alpha)\mathrm{d}\alpha+\frac{C}{2},$$

$$f_2(x)=\frac{1}{2}\varphi(x)-\frac{1}{2a}\int_{x_0}^{x}\psi(\alpha)\mathrm{d}\alpha-\frac{C}{2},$$

这样就确定了 f_1,f_2 的函数形式,由此可得

$$\begin{aligned}u(x,t)&=f_1(x+at)+f_2(x-at)\\&=\frac{1}{2}[\varphi(x+at)+\varphi(x-at)]+\frac{1}{2a}\int_{x-at}^{x+at}\psi(\alpha)\mathrm{d}\alpha.\end{aligned} \tag{1.10}$$

公式(1.10)就是齐次波动方程初值问题的**达朗贝尔公式**或**达朗贝尔解**.这种方法称为**达朗贝尔解法**.

达朗贝尔解法先是通过作了一个特殊的变换,求出了方程的通解,然后再由初值条件确定特解.这对一般的偏微分方程来说是十分困难的.因此,此方法一般只适合波动方程定解问题的求解.

1.2 达朗贝尔解的物理意义

由(1.9)可知,自由弦振动方程的解总可以写成

$$u(x,t)=f_1(x+at)+f_2(x-at)$$

的形式.下面我们把 $f_1(x+at)$ 和 $f_2(x-at)$ 分开进行讨论.

首先,设

$$\overline{u}(x,t)=f_2(x-at),$$

显然,$\overline{u}(x,t)$也是齐次弦振动方程的解.当t取不同的值时,就可以看出弦在相应时刻各点的振动状态.当$t=0$时,$\overline{u}(x,0)=f_2(x)$,它就是初始时刻的振动状态.假设初始时刻的$\overline{u}(x,t)$的振动状态如图3.1实线所示.经过时间t_0后,$\overline{u}(x,t_0)=f_2(x-at_0)$,在$(x,\overline{u})$平面上,它相当于原来的图形$\overline{u}(x,0)=f_2(x)$向右平移了一段距离$at_0$,如图3.1虚线所示.随着时间的推移,这个图形还将不断地向右移动.这说明自由弦振动方程的一个解$f_2(x-at)$描述的是一个向右行进的波,其速度为a,因此$f_2(x-at)$所描述的振动规律称为**右行波**.同样地,$f_1(x+at)$所描述的振动规律称为**左行波**.因此,通解(1.9)表示弦上的任意扰动总是以行波的形式分别向相反的两个方向传播出去,故达朗贝尔解法又称为**行波法**.a为波的传播速度.由第一章弦振动方程的推导可知

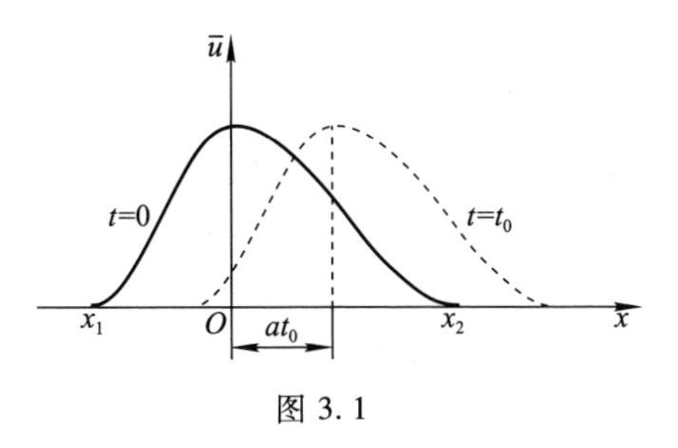

图 3.1

$$a=\sqrt{\frac{T}{\rho}},$$

这表示张力越大,即弦拉得越紧,波就传播得越快;密度越小,即弦越轻,波也传播得越快.

1.3 二阶偏微分方程的分类

由达朗贝尔公式

$$u(x,t)=\frac{1}{2}[\varphi(x+at)+\varphi(x-at)]+\frac{1}{2a}\int_{x-at}^{x+at}\psi(\xi)\mathrm{d}\xi$$

可以看出,解在t时刻x点处的值,即弦的位移仅由初值条件$\varphi(x)$在$x-at,x+at$两个点的值和$\psi(x)$在x轴区间$[x-at,x+at]$上的值所唯一确定,而与$\varphi(x)$和$\psi(x)$在此区间外的值无关,我们称区间$[x-at,x+at]$为点(x,t)的**依赖区间**.它是由过(x,t)点的两条斜率分别为$\pm\frac{1}{a}$的直线在x轴所截得的区间(如图3.2).对初始轴$t=0$上的一个区间$[x_1,x_2]$,过点x_1作斜率为$\frac{1}{a}$的直线$x=x_1+at$,过点x_2点作斜率为$-\frac{1}{a}$的直线$x=x_2-at$,它们和区间$[x_1,x_2]$一起构成一个三角形区域(图3.3),此三角形区域中任一点(x,t)的依赖区间都落在区间$[x_1,x_2]$的内部,因此解在此三角形区域中的数值完全由区间$[x_1,x_2]$上的初值条件决定,而与此

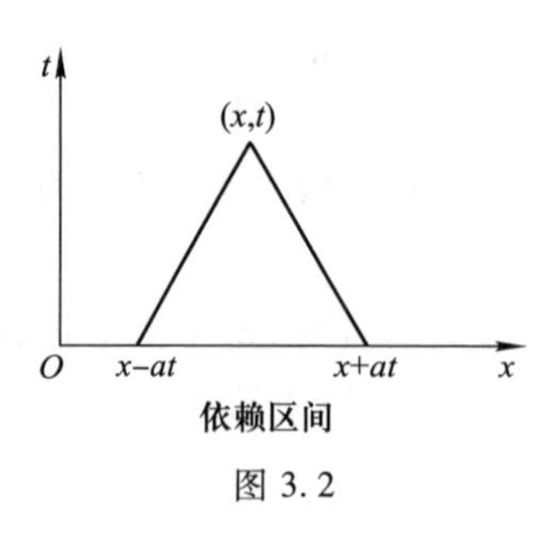

图 3.2

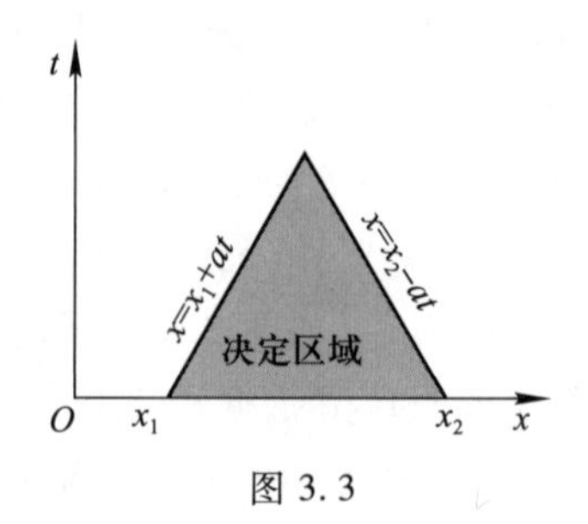

图 3.3

区间外的初值条件无关,我们称这个三角形区域为区间$[x_1,x_2]$的**决定区域**.在区间$[x_1,x_2]$上给定初值条件,就可以在其决定区域中确定初值问题的解.

另一方面,如果在初始时刻 $t=0$,初值条件 $\varphi(x)$ 与 $\psi(x)$ 的值在区间$[x_1,x_2]$上有变动(称为初始扰动),那么经过时间 t 后,该扰动所传到的范围(受初始扰动影响到的范围)就由不等式

$$x_1-at\leqslant x\leqslant x_2+at \quad (t>0) \tag{1.11}$$

所限定,而在此范围外不受影响,仍处于原先的状态.在(x,t)平面上,(1.11)所表示的区域称为区间$[x_1,x_2]$的**影响区域**(如图 3.4).在这个区域中,初值问题的解 $u(x,t)$会受到区间$[x_1,x_2]$上初值条件的影响;而在此区域外,$u(x,t)$则不受区间$[x_1,x_2]$上的初值条件影响.特别地,将区间$[x_1,x_2]$收缩为一点 x_0,就可得一点 x_0 的影响区域为过此点的两条斜率各为$\pm\dfrac{1}{a}$的直线($x=x_0\pm at$)所夹成的角状区域(如图 3.5).

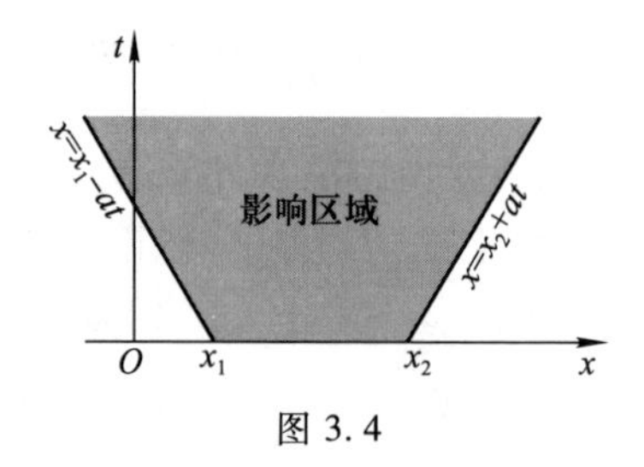

图 3.4

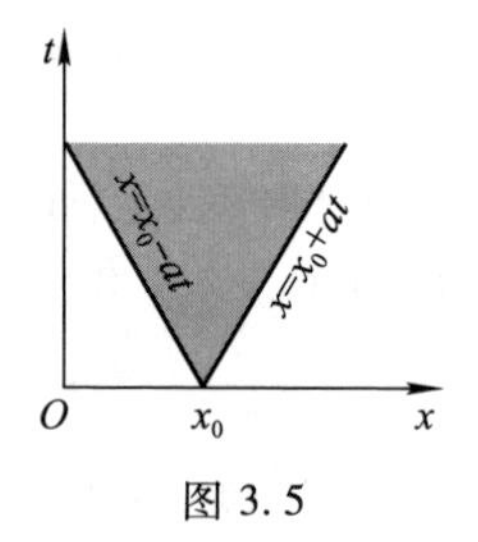

图 3.5

在上面的讨论中,我们看到在 xOt 平面上斜率为$\pm\dfrac{1}{a}$的直线 $x=x_0\pm at$ 对一维波动方程的研究起着重要的作用,我们称之为波动方程的**特征线**.由于在特征线 $x+at=C_1$ 上,左行波 $u_1=f_1(x+at)$ 的振幅取常数值 $f_1(C_1)$;在特征线 $x-at=C_2$ 上,右行波 $u_2=f_2(x-at)$的振幅取常数值$f_2(C_2)$,且这两个数值随特征线的移动而改变,所以,波动实际上是沿特征线传播的.变换(1.8)常称为**特征变换**,故行

波法又称为**特征线法**.

现在,我们根据方程的特征线来给方程分类.容易看出,一维波动方程(1.1)的两族特征线 $x\pm at=C$(常数),正好是下列常微分方程

$$(\mathrm{d}x)^2-a^2(\mathrm{d}t)^2=0$$

的积分曲线,这个常微分方程称为(1.1)的**特征方程**.对于更一般的二阶线性偏微分方程

$$A\frac{\partial^2 u}{\partial x^2}+2B\frac{\partial^2 u}{\partial x\partial y}+C\frac{\partial^2 u}{\partial y^2}+D\frac{\partial u}{\partial x}+E\frac{\partial u}{\partial y}+Fu=0, \tag{1.12}$$

其中 A,B,C,D,E 和 F 是关于 x,y 的已知函数,它的特征方程为

$$A(\mathrm{d}y)^2-2B\mathrm{d}x\mathrm{d}y+C(\mathrm{d}x)^2=0, \tag{1.13}$$

这个常微分方程的积分曲线称为偏微分方程(1.12)的**特征曲线**.由(1.13)发现,二阶线性偏微分方程的特征线仅与该方程中二阶导数项的系数有关,而与其低阶项的系数无关.

由等式(1.13)可见,并不是任意一个二阶线性偏微分方程(1.12)都有两族实的特征线.由(1.13)可知,若在某一区域内,$B^2-AC<0$,则过此域内每一点都不存在实的特征线,这时称(1.12)为**椭圆型方程**,如泊松方程.若在某一区域内,$B^2-AC=0$,则此域内每一点仅有一条实的特征线,这时称(1.12)为**抛物型方程**,如热传导方程.只有在某一区域内,$B^2-AC>0$,过此域内的每一点才有两条相异的实特征线,这时称(1.12)为**双曲型方程**,如波动方程.但有时候方程的定义域使得 B^2-AC 在此定义域的某一部分大于零,而在定义域的另一部分小于或等于零,我们称这样的方程为**混合型方程**.如特里科米(Tricomi)方程

$$y\frac{\partial^2 u}{\partial x^2}+\frac{\partial^2 u}{\partial y^2}=0,$$

在上半平面 $y>0$ 内是椭圆型的;在下半平面 $y<0$ 中是双曲型的;在 x 轴即 $y=0$ 上是抛物型的;在包含 x 轴的某些线段的区域内,则是混合型的.

下面利用特征线法求解下列初值问题:

$$\begin{cases}\dfrac{\partial^2 u}{\partial x^2}+4\dfrac{\partial^2 u}{\partial x\partial y}-5\dfrac{\partial^2 u}{\partial y^2}=0, & (1.14)\\[2ex] u\big|_{y=0}=5x^2, \quad \dfrac{\partial u}{\partial y}\bigg|_{y=0}=0. & (1.15)\end{cases}$$

解 先确定所给方程的特征线.方程(1.14)对应的特征方程为

$$(\mathrm{d}y)^2-4\mathrm{d}x\mathrm{d}y-5(\mathrm{d}x)^2=0,$$

即

$$\left(\frac{dy}{dx}\right)^2-4\frac{dy}{dx}-5=0,$$

解得

$$\frac{dy}{dx}=5 \text{ 或 } \frac{dy}{dx}=-1.$$

它的两族积分曲线为

$$\begin{cases}5x-y=C_1,\\x+y=C_2,\end{cases}$$

作特征变换,令

$$\begin{cases}\xi=5x-y,\\\eta=x+y,\end{cases}$$

由复合函数的求导法则,方程(1.14)可化成

$$\frac{\partial^2 u}{\partial\xi\,\partial\eta}=0.$$

设其通解为

$$u=f_1(\xi)+f_2(\eta),$$

其中f_1,f_2是任意两个二次连续可微的函数.即(1.14)的通解为

$$u(x,y)=f_1(5x-y)+f_2(x+y), \tag{1.16}$$

代入初值条件(1.15)可得

$$f_1(5x)+f_2(x)=5x^2, \tag{1.17}$$

$$-f'_1(5x)+f'_2(x)=0, \tag{1.18}$$

由(1.18)可得

$$-f_1(5x)+5f_2(x)=C_3,$$

联立(1.17)可得

$$f_1(5x)=\frac{25}{6}x^2-C_4,$$

$$f_2(x)=\frac{5}{6}x^2+C_4,$$

即

$$\begin{cases}f_1(x)=\frac{1}{6}x^2-C_4,\\f_2(x)=\frac{5}{6}x^2+C_4,\end{cases}$$

代入(1.16),可得

$$u(x,y)=\frac{1}{6}(5x-y)^2+\frac{5}{6}(x+y)^2=5x^2+y^2,$$

即为初值问题的解.

§2 高维齐次波动方程

上一节中,我们讨论了一维波动方程的初值问题,得到了达朗贝尔公式.本节将讨论高维波动方程的初值问题.

2.1 三维波动方程(平均值法)

考虑下列三维齐次波动方程的初值问题:

$$\begin{cases}u_{tt}=a^2(u_{xx}+u_{yy}+u_{zz}), & -\infty<x,y,z<+\infty,t>0, & (2.1)\\ u\big|_{t=0}=\varphi(x,y,z), & -\infty<x,y,z<+\infty, & (2.2)\\ u_t\big|_{t=0}=\psi(x,y,z), & -\infty<x,y,z<+\infty, & (2.3)\end{cases}$$

其中 $\varphi(x,y,z)$,$\psi(x,y,z)$ 为已知函数.

我们先考虑一种特殊情形:设初值条件所给的已知函数 $\varphi(x,y,z)$,$\psi(x,y,z)$ 具有**球对称性**.所谓球对称性,是指在球坐标变换下,函数与角变量无关,只与 r 有关.则 φ 与 ψ 仅为变量 $r=\sqrt{x^2+y^2+z^2}$ 的函数,因而,我们只需寻求仅依赖于 t 和 r 的解 $u=u(r,t)$.有了上面的假设,方程(2.1)可化成

$$u_{tt}=a^2\left(u_{rr}+\frac{2}{r}u_r\right). \tag{2.4}$$

令 $v=ru$,则(2.4)又可化为

$$v_{tt}=a^2v_{rr}. \tag{2.5}$$

我们发现(2.5)与一维波动方程的形式完全相同,从而我们可以利用达朗贝尔公式来求得问题(2.1)—(2.3)的具有球对称形式的解.

现在把达朗贝尔公式(1.10)改写为

$$u(x,t)=\frac{\partial}{\partial t}\left[\frac{t}{2at}\int_{x-at}^{x+at}\varphi(\xi)\mathrm{d}\xi\right]+\frac{t}{2at}\int_{x-at}^{x+at}\psi(\xi)\mathrm{d}\xi. \tag{2.6}$$

我们列出(2.6)的三个特征:

(1) $\frac{1}{2at}\int_{x-at}^{x+at}\omega(\xi)\mathrm{d}\xi$ 是函数 $\omega(\xi)$ 在区间 $[x-at,x+at]$ 上的**算术平均值**.积分

值的大小依赖于区间的中点 x 和区间的半径长 at,即这个平均值是依赖于两个变量 x,t 的函数,记为 $v(x,t)$.

(2) $\omega(\xi)$是一个任意函数,并且 $u_1=tv(x,t)$, $u_2=\dfrac{\partial[tv(x,t)]}{\partial t}$均满足一维弦振动方程 $u_{tt}=a^2u_{xx}$.

(3) 如果要求 u_1 还满足初值条件(1.2)的后一条件,那么只需将被积函数$\omega(x)$换为 $\psi(x)$.如果还要求 u_2 满足初值条件(1.2)的前一条件,那么只需将$\omega(x)$换成$\varphi(x)$.这两个要求都满足之后,u_1+u_2 就成为问题(1.1)(1.2)的解了.

下面我们仿照公式(2.6)构造三维波动方程的初值问题(2.1)—(2.3)的解.为此,我们考虑以 $M(x,y,z)$为球心,以 at 为半径的三维球面上的点(α,β,γ),如图 3.6.

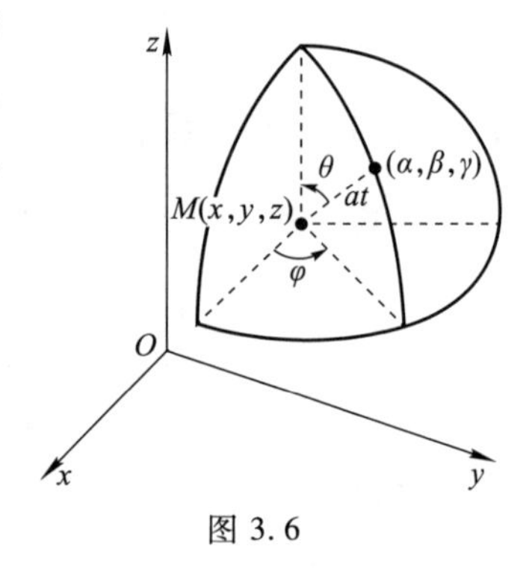

图 3.6

作球坐标变换

$$\begin{cases}\alpha=x+at\sin\theta\cos\varphi,\\ \beta=y+at\sin\theta\sin\varphi,\\ \gamma=z+at\cos\theta.\end{cases}$$

半径为 at 的球面微元 $\mathrm{d}S=a^2t^2\sin\theta\mathrm{d}\theta\mathrm{d}\varphi$,半径为 1 的球面微元 $\mathrm{d}\Omega=\sin\theta\mathrm{d}\theta\mathrm{d}\varphi$.

把一维和三维的情形作如下对照:

一　　维	三　　维
区间:$[x-at,x+at]$	球面:$(\alpha-x)^2+(\beta-y)^2+(\gamma-z)^2=a^2t^2$
区间的中点:x	球心:(x,y,z)
区间的半径:at	球的半径:at
区间的长度:$2at$(积分区间)	球的表面积:$4\pi a^2t^2$(积分区域)
任意函数 $\omega(\xi)$在区间上的平均值 $v(x,t)=\dfrac{1}{2at}\displaystyle\int_{x-at}^{x+at}\omega(\xi)\mathrm{d}\xi$	任意函数 $\omega(x,y,z)$在球面上的平均值为 $v(x,y,z,t)=\dfrac{1}{4\pi a^2t^2}\displaystyle\int_0^{2\pi}\int_0^{\pi}\omega(\alpha,\beta,\gamma)\mathrm{d}S=\dfrac{1}{4\pi}\int_0^{2\pi}\int_0^{\pi}\omega(\alpha,\beta,\gamma)\mathrm{d}\Omega$

将被积函数 ω 换为 ψ，则得 $u_1=tv$ 为方程(2.1)满足初值条件(2.3)的解.再将 ω 换成 φ，又得 $u_2=\frac{\partial}{\partial t}(tv)$ 为方程(2.1)满足初值条件(2.2)的解.由叠加原理，u_1+u_2 为初值问题(2.1)—(2.3)的解，记为

$$u(M,t)=u(x,y,z,t)$$

$$=\frac{\partial}{\partial t}\left[\frac{t}{4\pi a^2t^2}\int_0^{2\pi}\int_0^{\pi}\varphi(\alpha,\beta,\gamma)\mathrm{d}S\right]+\frac{t}{4\pi a^2t^2}\int_0^{2\pi}\int_0^{\pi}\psi(\alpha,\beta,\gamma)\mathrm{d}S$$

$$=\frac{\partial}{\partial t}\left[\frac{t}{4\pi}\int_0^{2\pi}\int_0^{\pi}\varphi(\alpha,\beta,\gamma)\mathrm{d}\Omega\right]+\frac{t}{4\pi}\int_0^{2\pi}\int_0^{\pi}\psi(\alpha,\beta,\gamma)\mathrm{d}\Omega,\tag{2.7}$$

此处要求初始函数适当光滑.公式(2.7)通常称为三维波动方程初值问题的**泊松公式**.上述方法称作**平均值方法**.当然这种方法不是对每类方程都行得通的，但只要所讨论的情形之间没有本质的差别，一般都是可行的.

2.2 二维波动方程(降维法)

考虑以下二维齐次波动方程的初值问题：

$$\begin{cases}u_{tt}=a^2(u_{xx}+u_{yy}), & -\infty<x,y<+\infty,t>0, & (2.8)\\ u|_{t=0}=\varphi(x,y), & -\infty<x,y<+\infty, & (2.9)\\ u_t|_{t=0}=\psi(x,y), & -\infty<x,y<+\infty, & (2.10)\end{cases}$$

其中 $\varphi(x,y),\psi(x,y)$ 为已知函数.

现在我们已经通过平均值法求出了三维问题的解，然而对于二维情形并不能直接用平均值法求解，但可设想把二维问题看成特殊的三维情形，即设 $\tilde{u}(x,y,z,t)$ 与 z 无关，即 $\tilde{u}_z=0$.当然，初始函数 φ,ψ 也与 z 无关，并且 $\tilde{u}(x,y,z,t)$ 满足下列初值问题：

$$\begin{cases}\tilde{u}_{tt}=a^2(\tilde{u}_{xx}+\tilde{u}_{yy}+\tilde{u}_{zz}), & (2.11)\\ \tilde{u}|_{t=0}=\varphi(x,y), & (2.12)\\ \tilde{u}_t|_{t=0}=\psi(x,y). & (2.13)\end{cases}$$

如果 $\tilde{u}_z=0$，那么上述初值问题就转化为初值问题(2.8)—(2.10)，因而 $\tilde{u}(x,y,z,t)=u(x,y,t)$.现在的问题是：先从(2.11)—(2.13)中解出 $\tilde{u}(x,y,z,t)$，然后再证明它与 z 无关即可.

下面我们借助公式(2.7)来求出满足上述条件的解 $\tilde{u}(x,y,z,t)$.如图 3.7，公

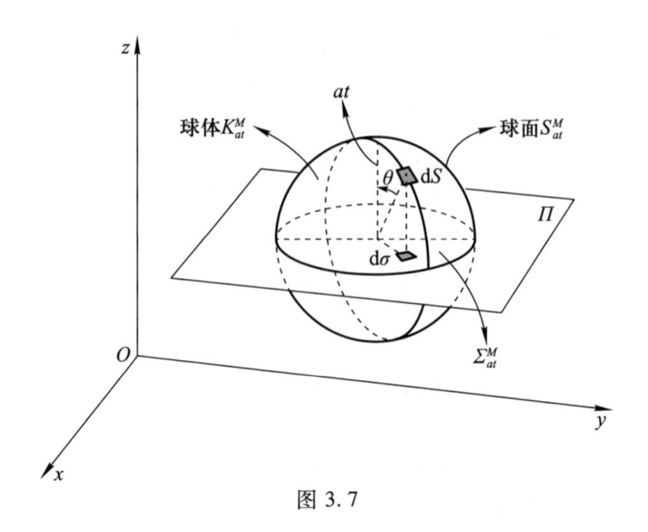

图 3.7

式(2.7)的积分域为球面 S_{at}^M,由于初值函数 φ 和 ψ 不依赖于 z,因而在上半球面的积分可以用在平面 Π 与球体 K_{at}^M 相截所得的圆形区域 Σ_{at}^M 上的积分来代替.球面上的面积微元 $\mathrm{d}S$ 与圆面上的面积微元 $\mathrm{d}\sigma$ 之间的关系为

$$\mathrm{d}\sigma=\mathrm{d}S\cdot\cos\theta,$$

其中

$$\cos\theta=\frac{\sqrt{(at)^2-(\alpha-x)^2-(\beta-y)^2}}{at}.$$

下半球面的积分与上半球面的积分一样,都可化成圆形域 Σ_{at}^M 上的积分.这样,就可以把 $\tilde{u}(x,y,z,t)$ 表示成

$$\begin{aligned}
&\tilde{u}(x,y,z,t)\\
=&\frac{1}{2\pi a}\left[\frac{\partial}{\partial t}\iint\limits_{\Sigma_{at}^M}\frac{\varphi(\alpha,\beta)\,\mathrm{d}\alpha\mathrm{d}\beta}{\sqrt{(at)^2-(\alpha-x)^2-(\beta-y)^2}}+\right.\\
&\left.\iint\limits_{\Sigma_{at}^M}\frac{\psi(\alpha,\beta)\,\mathrm{d}\alpha\mathrm{d}\beta}{\sqrt{(at)^2-(\alpha-x)^2-(\beta-y)^2}}\right]\\
=&\frac{1}{2\pi a}\left[\frac{\partial}{\partial t}\int_0^{at}\int_0^{2\pi}\frac{\varphi(x+r\cos\theta,y+r\sin\theta)}{\sqrt{(at)^2-r^2}}r\mathrm{d}\theta\mathrm{d}r+\right.\\
&\left.\int_0^{at}\int_0^{2\pi}\frac{\psi(x+r\cos\theta,y+r\sin\theta)}{\sqrt{(at)^2-r^2}}r\mathrm{d}\theta\mathrm{d}r\right],
\end{aligned}\tag{2.14}$$

(2.14)确实是与 z 无关的函数.因此,公式(2.14)就是二维波动方程初值问题(2.8)—(2.10)的解,它称为二维波动方程初值问题的**泊松公式**.

这种由已知高维问题的解推导出低维问题解的方法称为**降维法**.降维法不仅适用于波动方程,也适用于某些其他类型的方程,只是此方法对于问题的求解域有一定的要求.

2.3 泊松公式的物理意义

从表面上看,二维波动方程的泊松公式是从三维波动方程的泊松公式通过降维法得来的,那么二维波动与三维波动之间是否有什么本质的差别呢?我们来分析一下它们各自表示的物理意义就清楚了.

先看三维情形.为了形象和明显,我们假定初值函数 φ 和 ψ 在空间某有限区域 Ω 内为正,而在 Ω 外为零.在 Ω 外任取一点 M_0,考虑各个时刻在 M_0 处所受到初始扰动(即初始位移和初始速度)的影响.由泊松公式(2.7)可知,函数 u 在点 M_0 和时刻 t 的值 $u(M_0,t)$ 是由初值函数 φ 和 ψ 在球面 $S_{at}^{M_0}$ 上的值所决定.也就是说,在 t 时刻,只要球面 $S_{at}^{M_0}$ 和区域 Ω 相交时,(2.7)的积分就不为零,即 $u(M_0,t)$ 不为零.这表示初始扰动在 t 时刻对 M_0 点产生了影响.用 d 和 D 分别表示点 M_0 到 Ω 的最近和最远距离(如图 3.8 所示).则

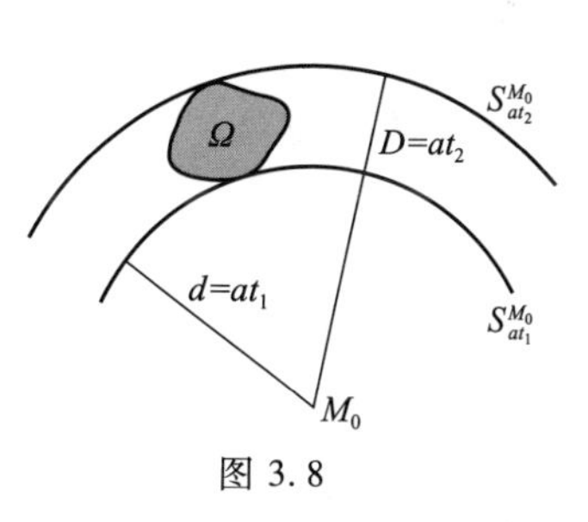

图 3.8

(1) 当 $at^*<d$ 时,即 $t^*<\dfrac{d}{a}$,积分球面 $\Sigma_{at^*}^{M_0}$ 与 Ω 没有相交,所以初始扰动 φ 和 ψ 在球面 $\Sigma_{at^*}^{M_0}$ 上的值为 0,则 $u=0$.这表示在 t^* 时刻扰动还未传播到 M_0 点.

(2) 当 $d\leqslant at^*\leqslant D$ 时,即 $\dfrac{d}{a}\leqslant t^*\leqslant\dfrac{D}{a}$,积分球面 $\Sigma_{at^*}^{M_0}$ 正穿过区域 Ω,与 Ω 相交,所以初始扰动 φ 和 ψ 在球面 $\Sigma_{at^*}^{M_0}$ 上的值不为 0,则 $u\neq0$.这表示在 t^* 时刻 M_0 处于扰动状态,即 M_0 点受到了初始扰动的影响.

(3) 当 $at^*>D$ 时,即 $t^*>\dfrac{D}{a}$,积分球面 $\Sigma_{at^*}^{M_0}$ 越过 Ω 而与 Ω 不相交,所以 φ 和 ψ 在球面 $\Sigma_{at^*}^{M_0}$ 上的值为 0,则 $u=0$.这表示 $t=\dfrac{D}{a}$ 过后的时刻,M_0 恢复原状,没有被扰动.

由此可见,在 t_0 时刻处于扰动状态的区域 Q 是由无数的球面组成,这些球面就是以 Ω 内的点 P 为球心、at_0 为半径的所有球面 $S_{at_0}^{P}$.球面族 $S_{at_0}^{P}$ 的包络面是

区域 Q 的边界面.我们称外包络面为传播波的**前阵面**(简称**波前**),内包络面称为传播波的**后阵面**(简称**波后**).因而,如果先前某一时刻的波前已经知道,就有办法作出以后某一时刻的波前,这一点对于解决各种波动问题是非常有利的.此方法是惠更斯(Huyghens)1690 年提出的,称为**惠更斯原理**.若扰动区域 Ω 是球形的,则波的前阵面和后阵面也都是球面(如图 3.9).

在二维情形下就不一样了.由于(2.14)的积分是在圆域上进行的,而不是在圆周上,所以经过一段时间 $t_0=\dfrac{d}{a}$后开始受到扰动影响.但随着时间的增加,在此点的扰动影响并不消失,仍然持续发生,即二维传播波只有前阵面,没有后阵面.人们称这种现象为**弥散**,或者说这种波具有**后效现象**.这就是二维波动与三维波动的本质差别.对于二维情形,可以把它看作所给初始扰动是一个在无限长的柱体内发生,而且不依赖 z 坐标的空间问题,这也就是降维法的物理意义.

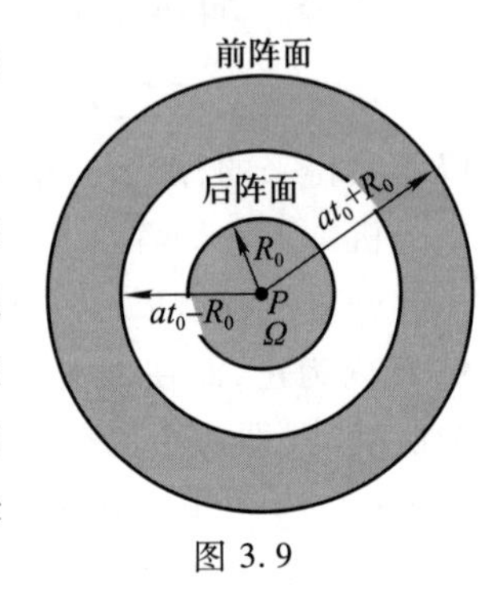

图 3.9

§3 非齐次波动方程

前面两节中,我们介绍了齐次波动方程初值问题解的达朗贝尔公式.对于非齐次波动方程,可以利用叠加原理和杜阿梅尔原理,把方程分解,转化成齐次波动方程的初值问题,再利用达朗贝尔公式求解,最后得到原问题的解.下面以三维波动方程为例,演示整个求解过程.

考虑以下非齐次波动方程的初值问题:

$$\begin{cases}u_{tt}=a^2(u_{xx}+u_{yy}+u_{zz})+f(x,y,z,t), & -\infty<x,y,z<+\infty,t>0, \quad (3.1)\\ u\big|_{t=0}=\varphi(x,y,z), & -\infty<x,y,z<+\infty, \quad (3.2)\\ u_t\big|_{t=0}=\psi(x,y,z), & -\infty<x,y,z<+\infty. \quad (3.3)\end{cases}$$

由叠加原理Ⅳ,问题(3.1)—(3.3)总可以分解成下面两个问题来求解.

问题 1 (3.1)相应的齐次方程和初值条件(3.2)(3.3)构成的初值问题:

$$\begin{cases}u_{tt}^{(1)}=a^2[u_{xx}^{(1)}+u_{yy}^{(1)}+u_{zz}^{(1)}],\\ u^{(1)}\big|_{t=0}=\varphi(x,y,z),\\ u_t^{(1)}\big|_{t=0}=\psi(x,y,z).\end{cases}$$

此问题的解可由泊松公式(2.7)求得如下:

$$u^{(1)}(x,y,z,t)=\frac{\partial}{\partial t}\left[\frac{t}{4\pi}\int_0^{2\pi}\int_0^{\pi}\varphi(\alpha,\beta,\gamma)\,\mathrm{d}\Omega\right]+\frac{t}{4\pi}\int_0^{2\pi}\int_0^{\pi}\psi(\alpha,\beta,\gamma)\,\mathrm{d}\Omega.$$

问题 2 方程(3.1)和(3.2)(3.3)相应的齐次初值条件构成的初值问题,即

$$\begin{cases}u_{tt}^{(2)}=a^2\left[u_{xx}^{(2)}+u_{yy}^{(2)}+u_{zz}^{(2)}\right]+f(x,y,z,t), & (3.4)\\ u^{(2)}\big|_{t=0}=0, & (3.5)\\ u_t^{(2)}\big|_{t=0}=0. & (3.6)\end{cases}$$

由杜阿梅尔原理,上述问题的求解可转化为求解下列问题:

$$\begin{cases}w_{tt}=a^2(w_{xx}+w_{yy}+w_{zz}), & (3.7)\\ w\big|_{t=\tau}=0, & (3.8)\\ w_t\big|_{t=\tau}=f(x,y,z,\tau) & (3.9)\end{cases}$$

的解.初值问题(3.7)—(3.9)的解又可由公式(2.7)求得,即

$$w(x,y,z,t;\tau)=\frac{1}{4\pi a}\iint\limits_{S_{a(t-\tau)}^M}\left[\frac{f(\alpha,\beta,\gamma,\tau)}{r}\right]_{r=a(t-\tau)}\mathrm{d}S,$$

其中 $\alpha=x+at\sin\theta\cos\varphi,\beta=y+at\sin\theta\sin\varphi,\gamma=z+at\cos\theta$.

于是问题 2 的解为

$$\begin{aligned}u^{(2)}(x,y,z,t)&=\frac{1}{4\pi a}\int_0^t\left\{\iint\limits_{S_{a(t-\tau)}^M}\left[\frac{f(\alpha,\beta,\gamma,\tau)}{r}\right]_{r=a(t-\tau)}\mathrm{d}S\right\}\mathrm{d}\tau\\ &=\frac{1}{4\pi a^2}\int_0^{at}\iint\limits_{S_r^M}\frac{f\left(\alpha,\beta,\gamma,\dfrac{\tau}{a}\right)}{r}\mathrm{d}S\mathrm{d}\tau\quad(\tau=at-r)\\ &=\frac{1}{4\pi a^2}\iiint\limits_{r\leqslant at}\frac{f\left(\alpha,\beta,\gamma,t-\dfrac{r}{a}\right)}{r}\mathrm{d}V,\end{aligned}\tag{3.10}$$

其中 $\mathrm{d}V$ 表示体积微元,积分是在以 (x,y,z) 为球心、at 为半径的球体中进行的.(3.10)表明函数 f 的取值时刻为 $t-\dfrac{r}{a}$,这个时刻是在计算函数 u 的时刻 t 之前.时刻之差 $\dfrac{r}{a}$ 表示当速度为 a 时,由点 (α,β,γ) 到点 (x,y,z) 所需要的时间.所以公式(3.10)通常称为**推迟势**.

因此,初值问题(3.1)—(3.3)的解为(又称为非齐次波动问题的**泊松公式**)

$$
\begin{aligned}
u&=u^{(1)}+u^{(2)}\\
&=\frac{\partial}{\partial t}\left[\frac{t}{4\pi}\int_0^{2\pi}\int_0^{\pi}\varphi(\alpha,\beta,\gamma)\,\mathrm{d}\Omega\right]+\frac{t}{4\pi}\int_0^{2\pi}\int_0^{\pi}\psi(\alpha,\beta,\gamma)\,\mathrm{d}\Omega+\\
&\quad\frac{1}{4\pi a^2}\iiint_{r\leqslant at}\frac{f\left(\alpha,\beta,\gamma,t-\dfrac{r}{a}\right)}{r}\mathrm{d}V.
\end{aligned}
$$

同理,二维和一维非齐次波动方程具有非齐次初值条件的初值问题可类似地求解.

下面举一个例子,说明三维泊松公式的应用.

例 3.1　求下列初值问题的解:

$$
\begin{cases}
\dfrac{\partial^2 u}{\partial t^2}=a^2\left(\dfrac{\partial^2 u}{\partial x^2}+\dfrac{\partial^2 u}{\partial y^2}+\dfrac{\partial^2 u}{\partial z^2}\right), & -\infty<x,y,z<+\infty,t>0, \quad (3.11)\\
u\big|_{t=0}=x+y+z, & -\infty<x,y,z<+\infty, \quad (3.12)\\
u_t\big|_{t=0}=0, & -\infty<x,y,z<+\infty. \quad (3.13)
\end{cases}
$$

解　在泊松公式的对应项中

$$f(x,y,z,t)=0,\quad \varphi(x,y,z)=x+y+z,\quad \psi(x,y,z)=0,$$

将它们代入公式(2.7)中可得

$$
\begin{aligned}
&u(x,y,z,t)\\
&=\frac{1}{4\pi a}\frac{\partial}{\partial t}\int_0^{2\pi}\int_0^{\pi}\frac{x+y+z+at(\sin\theta\cos\varphi+\sin\theta\sin\varphi+\cos\theta)}{at}(at)^2\sin\theta\,\mathrm{d}\varphi\,\mathrm{d}\theta\\
&=\frac{1}{4\pi a}\frac{\partial}{\partial t}\left[at(x+y+z)\int_0^{2\pi}\mathrm{d}\varphi\int_0^{\pi}\sin\theta\,\mathrm{d}\theta+a^2t^2\int_0^{2\pi}(\sin\varphi+\cos\varphi)\,\mathrm{d}\varphi\int_0^{\pi}\sin^2\theta\,\mathrm{d}\theta+\right.\\
&\quad\left.a^2t^2\int_0^{2\pi}\mathrm{d}\varphi\int_0^{\pi}\sin\theta\cos\theta\,\mathrm{d}\theta\right]\\
&=x+y+z.
\end{aligned}
$$

习　题　三

1. 求解下列定解问题:

$$
\begin{cases}
u_{tt}-a^2u_{xx}=0, & -\infty<x<+\infty,t>0,\\
u(x,0)=0,\quad u_t(x,0)=\dfrac{1}{1+x^2}, & -\infty<x<+\infty.
\end{cases}
$$

2. 有一根无限长的弦作自由振动,其初始位移为 $\varphi(x)$,初始速度为 $-a\varphi'(x)$,试求其弦上各点的振动规律.

3. 求解下列有阻尼的波动方程的初值问题的解：

$$\begin{cases} u_{tt}-a^2u_{xx}+2bu_t+b^2u=0, & -\infty<x<+\infty, t>0, \\ u(x,0)=\varphi(x), \quad u_t(x,0)=\psi(x), & -\infty<x<+\infty. \end{cases}$$

4. 求下列定解问题：

$$\begin{cases} u_{tt}-a^2u_{xx}=x+at, & -\infty<x<+\infty, t>0, \\ u(x,0)=x, \quad u_t(x,0)=\sin x, & -\infty<x<+\infty. \end{cases}$$

5. 用特征线法求解下列问题：

$$\begin{cases} u_{tt}=u_{xx}, & -\infty<x<+\infty, t>0, \\ u(x,-x)=\varphi(x), & -\infty<x<+\infty, \\ u(x,x)=\psi(x), & -\infty<x<+\infty. \end{cases}$$

6. 求解特征边值问题：

$$\begin{cases} u_{tt}=a^2u_{xx}, & -\infty<x<+\infty, t>0, \\ u\big|_{x-at=0}=\varphi(x), & -\infty<x<+\infty, \\ u\big|_{x+at=0}=\psi(x), & -\infty<x<+\infty. \end{cases}$$

7. 试用三维波动方程的泊松公式推导出一维的达朗贝尔公式.

第三章自测题

第四章
格林函数法

在第二、三章,我们主要以热传导方程或波动方程为例,介绍了分离变量法和行波法.这一章我们将介绍求解拉普拉斯方程(或泊松方程)的一种重要方法——**格林(Green)函数法**.当然,这种解法也能用来求解其他类型的方程.

§1 拉普拉斯方程边值问题的提法

在第一章,我们已从静态薄膜的横向位移推导出了二维拉普拉斯方程(又称二维调和方程)

$$\frac{\partial^2 u}{\partial x^2}+\frac{\partial^2 u}{\partial y^2}=0,\quad (x,y)\in\mathbf{R}^2.$$

进而,还得到了三维空间中的拉普拉斯方程

$$\Delta u\equiv\frac{\partial^2 u}{\partial x^2}+\frac{\partial^2 u}{\partial y^2}+\frac{\partial^2 u}{\partial z^2}=0,\quad (x,y,z)\in\mathbf{R}^3,\tag{1.1}$$

其中

$$\Delta=\frac{\partial^2}{\partial x^2}+\frac{\partial^2}{\partial y^2}+\frac{\partial^2}{\partial z^2}$$

称为**拉普拉斯算子**.

由于拉普拉斯方程所描述的是稳态或平衡等物理现象,即方程未知变量与时间无关,因此对于方程(1.1)不能提初值条件.关于边值条件,一般把它分为三种类型,这里我们对于方程(1.1)仅列出它的两种常用的边值问题.

(1) 第一边值问题　设方程(1.1)的空间变量$(x,y,z)\in\Omega$,Ω为$\mathbf{R}^3$中的开区域.若$u(x,y,z)$满足方程(1.1),且在Ω的边界Γ上直接给定了u的具体函数

形式 f[①],即

$$u|_{\Gamma}=f,\tag{1.2}$$

则称(1.1)(1.2)为**拉普拉斯方程的第一边值问题**,或**狄利克雷(Dirichlet)问题**,称满足(1.1)(1.2)的函数 u 为此问题的解.

定义 1.1　在开区域 Ω 内,具有二阶连续偏导数并且满足拉普拉斯方程的连续函数称为**调和函数**,也可称此函数在 Ω 内是**调和**的.

因此,拉普拉斯方程的第一边值问题又可以说成:在开区域 Ω 内找一个调和函数,使它在边界 Γ 上的值等于 Γ 上给定的已知函数.

(2) 第二边值问题　在某光滑的闭曲面 Γ 上给出一连续函数 f,要寻找这样一个函数 $u(x,y,z)$,它在 Γ 的内部区域 Ω 中是调和函数,在 $\Omega\cup\Gamma$ 上连续,且在 Γ 上的任一点沿 Γ 的单位外法线方向 $\boldsymbol{n}$ 的方向导数 $\dfrac{\partial u}{\partial n}$ 存在,并且等于给定函数 f 在该点的值,即

$$\left.\frac{\partial u}{\partial n}\right|_{\Gamma}=f.\tag{1.3}$$

第二边值问题也称**诺依曼(Neumann)问题**.

以上两个边值问题都是在边界 Γ 上给定某些边值条件,在区域内部求拉普拉斯方程的解.我们称这样的问题为**内问题**.

此外,在应用中,我们还经常会遇到狄利克雷和诺伊曼问题的另一种提法.例如需要确定某物体外部的稳定温度时,就归结为求区域 Ω 外的函数 u,使之满足方程(1.1)和边值条件 $u|_{\Gamma}=f$,其中 Γ 为 Ω 的边界,f 表示物体表面的温度分布.上述这样的定解问题称为拉普拉斯方程**外问题**.上例称为**狄利克雷外问题**.

拉普拉斯方程外问题是在无界区域上给出的,定解问题的解在无穷远处是否应该加以一定的限制? 回答是肯定的.可以举例说明当在无穷远处不加任何限制时,外问题的解并不唯一.例如考察以原点为心的单位球面 Γ 作为边界曲面的狄利克雷外问题,并给出边值条件

$$u|_{\Gamma}=1,$$

容易看出,$u_1(x,y,z)\equiv 1$ 和 $u_2(x,y,z)=\dfrac{1}{\sqrt{x^2+y^2+z^2}}$ 都在单位球外满足拉普拉斯方程,并在单位球面上满足上述边值条件.因此,如果在无穷远处不加限制条件,就不能保证外问题解的唯一性.但是这个无穷远处的条件该怎样加呢? 一般地,在三维情形,通常要求解在无穷远处的极限为零,即

① f 要求是连续的,而 u 要求在 $\Gamma\cup\Omega$ 上连续,在 Ω 内部有二阶连续偏导数.

$$\lim_{r\to\infty} u(x,y,z)=0 \quad \left(r=\sqrt{x^2+y^2+z^2}\right), \tag{1.4}$$

那么,对于上例就排除了 $u_1(x,y,z)\equiv 1$ 的情况,则外问题的解就是唯一的.在二维情形,要求解在无穷远处的极限有界,即

$$\lim_{r\to\infty} u(x,y)<+\infty \quad \left(r=\sqrt{x^2+y^2}\right). \tag{1.5}$$

现在我们确切地叙述拉普拉斯方程外问题的提法.

(3) 狄利克雷外问题 在 $\mathbf{R}^3$ 中的某一封闭曲面 Γ 上给定连续函数 f,要找出这样的一个函数 $u(x,y,z)$,它在 Γ 的外部区域 Ω' 内调和,在 $\Omega'\cup\Gamma$ 上连续,当点 (x,y,z) 趋于无穷远时,$u(x,y,z)$ 一致地趋于零(即满足条件(1.4)),并且它在 Γ 上取值已知

$$u\big|_{\Gamma}=f, \tag{1.6}$$

称这样的 u 为此外问题的解.

(4) 诺伊曼外问题 在 $\mathbf{R}^3$ 中的某一光滑闭曲面 Γ 上给定连续函数 f,要求找到这样一个函数 $u(x,y,z)$,它在闭曲面 Γ 的外部区域 Ω' 内调和,在 $\Omega'\cup\Gamma$ 上连续,在无穷远处满足条件(1.4),且在 Γ 上任一点沿区域 Ω' 的单位外法线方向 $\boldsymbol{n}^*$(指向曲面 Γ 的内部)的法向导数 $\dfrac{\partial u}{\partial n^*}$ 存在,并且满足

$$\left.\frac{\partial u}{\partial n^*}\right|_{\Gamma}=f, \tag{1.7}$$

称这样的 u 为此外问题的解.

为了和外问题相区别,我们把第一、二边值问题分别称为狄利克雷内问题和诺伊曼内问题.

下面几节将重点讨论内问题,所用方法也适用于外问题.

§2 调和函数

在讨论格林函数之前,需要知道调和函数的一些基本性质,其中最重要的是拉普拉斯方程解的积分表达式,关于它的推导,是建立在格林公式基础上的,而格林公式则是线、面积分中奥-高公式的直接推论(见参考文献[5]).

2.1 格林公式

设 Ω 是一有界连通区域,其表面 Γ 分片光滑,$P(x,y,z)$,$Q(x,y,z)$,$R(x,y,z)$ 是在 $\Omega\cup\Gamma$ 上连续,在 Ω 内具有一阶连续偏导数的任意函数,则如下的**奥-高公**

式成立:

$$\iiint\limits_{\Omega}\left(\frac{\partial P}{\partial x}+\frac{\partial Q}{\partial y}+\frac{\partial R}{\partial z}\right)\mathrm{d}V$$

$$=\iint\limits_{\Gamma}[P\cos(n,x)+Q\cos(n,y)+R\cos(n,z)]\mathrm{d}S, \tag{2.1}$$

其中 $\mathrm{d}V$ 是体积元素,$\boldsymbol{n}$ 是 Γ 的单位外法向量,$\mathrm{d}S$ 是 Γ 上的面积元素.

下面从(2.1)出发来推导两个公式.

设函数 $u(x,y,z)$ 和 $v(x,y,z)$ 以及它们的所有一阶偏导数在闭区域 $\Omega\cup\Gamma$ 上是连续的,它们的所有二阶偏导数在 Ω 内连续.在公式(2.1)中,令

$$P=u\frac{\partial v}{\partial x},\quad Q=u\frac{\partial v}{\partial y},\quad R=u\frac{\partial v}{\partial z},$$

可得**格林第一公式**

$$\iiint\limits_{\Omega}u\Delta v\mathrm{d}V=\iint\limits_{\Gamma}u\frac{\partial v}{\partial n}\mathrm{d}S-\iiint\limits_{\Omega}\left(\frac{\partial u}{\partial x}\frac{\partial v}{\partial x}+\frac{\partial u}{\partial y}\frac{\partial v}{\partial y}+\frac{\partial u}{\partial z}\frac{\partial v}{\partial z}\right)\mathrm{d}V. \tag{2.2}$$

再将函数 u,v 的位置调换,可得

$$\iiint\limits_{\Omega}v\Delta u\mathrm{d}V=\iint\limits_{\Gamma}v\frac{\partial u}{\partial n}\mathrm{d}S-\iiint\limits_{\Omega}\left(\frac{\partial u}{\partial x}\frac{\partial v}{\partial x}+\frac{\partial u}{\partial y}\frac{\partial v}{\partial y}+\frac{\partial u}{\partial z}\frac{\partial v}{\partial z}\right)\mathrm{d}V, \tag{2.2$'$}$$

将(2.2)和(2.2)′两式相减,可得**格林第二公式**,即**格林公式**

$$\iiint\limits_{\Omega}(u\Delta v-v\Delta u)\mathrm{d}V=\iint\limits_{\Gamma}\left(u\frac{\partial v}{\partial n}-v\frac{\partial u}{\partial n}\right)\mathrm{d}S. \tag{2.3}$$

显然,对于在 Ω 内二阶连续可导,而在 $\Omega\cup\Gamma$ 上有连续一阶偏导数的任意函数 $u(x,y,z)$,$v(x,y,z)$,公式(2.3)都是成立的.

2.2 拉普拉斯方程的对称解

首先介绍拉普拉斯方程的球对称解.我们知道,在球坐标系下,拉普拉斯方程

$$u_{xx}+u_{yy}+u_{zz}=0 \tag{2.4}$$

可变换为如下形式(见参考文献[14]):

$$\frac{1}{r^2\sin\theta}\left[\frac{\partial}{\partial r}\left(r^2\sin\theta\frac{\partial u}{\partial r}\right)+\frac{\partial}{\partial\theta}\left(\sin\theta\frac{\partial u}{\partial\theta}\right)+\frac{\partial}{\partial\varphi}\left(\frac{1}{\sin\theta}\frac{\partial u}{\partial\varphi}\right)\right]=0, \tag{2.5}$$

如果解 $u(x,y,z)$ 具有球对称性,即 $u(r,\varphi,\theta)$ 不依赖于 θ 和 φ,而仅与 r 有关,那么$\dfrac{\partial u}{\partial\theta}=0,\dfrac{\partial u}{\partial\varphi}=0$.方程(2.5)可简化为

$$\frac{\mathrm{d}}{\mathrm{d}r}\left(r^2\frac{\mathrm{d}u}{\mathrm{d}r}\right)=0,$$

它的解显然是

$$u=\frac{C_1}{r}+C_2 \quad (r\neq 0),$$

其中 C_1,C_2 为任意常数.若选取 $C_1=1,C_2=0$,则可得球对称解

$$u=\frac{1}{r} \quad (r\neq 0).$$

在二维平面的圆域中,拉普拉斯方程

$$u_{xx}+u_{yy}=0 \tag{2.4$'$}$$

在极坐标系下可变形为

$$\frac{\partial^2 u}{\partial r^2}+\frac{1}{r}\frac{\partial u}{\partial r}+\frac{1}{r^2}\frac{\partial^2 u}{\partial \theta^2}=0, \tag{2.5$'$}$$

如果解 $u(x,y)$ 关于原点对称,即 u 不依赖于 θ,这时,方程(2.5)′可简化为

$$\frac{\partial^2 u}{\partial r^2}+\frac{1}{r}\frac{\partial u}{\partial r}=0.$$

令 $r=\mathrm{e}^t$,可将方程转化为$\frac{\mathrm{d}^2 u}{\mathrm{d}t^2}=0$,它的解为

$$u=C_1 t+C_2=C_1\ln r+C_2 \quad (r\neq 0),$$

其中 C_1,C_2 为任意常数.若取 $C_1=-1,C_2=0$,则

$$u=\ln\frac{1}{r} \quad (r\neq 0).$$

综上所述,除 $r=0$ 外,$\frac{1}{r}$确为(2.5)的解,$\ln\frac{1}{r}$确为(2.5)′的解.还可验算,如果 $r=\sqrt{x^2+y^2+z^2}$,则$\frac{1}{r}$和 $\ln\frac{1}{r}$除原点外,分别满足方程(2.4)和(2.4)′.即若令

$$r=\sqrt{(x-x_0)^2+(y-y_0)^2+(z-z_0)^2},$$

则除点(x_0,y_0,z_0)外,$\frac{1}{r}$满足(2.4).类似地,$\ln\frac{1}{r}$满足(2.4)′.通常称$\frac{1}{r}$和 $\ln\frac{1}{r}$分别为方程(2.4)和(2.4)′的**基本解**.

2.3 调和函数的基本性质

下面我们将推导调和函数的几个重要的基本性质.

性质 2.1(积分表达式)　设 u 在 $\Omega\cup\Gamma$ 上有连续的一阶偏导数,且在 Ω 内调和,则

$$u(M_0)=\frac{1}{4\pi}\iint_{\Gamma}\left[\frac{1}{r}\frac{\partial u}{\partial n}-u\frac{\partial}{\partial n}\left(\frac{1}{r}\right)\right]\mathrm{d}S, \tag{2.6}$$

其中 Γ 为 Ω 的边界，M_0 为 Ω 中固定的点，r 为 M_0 到变点 M 的距离.

证明 在公式(2.3)中，令 u 为调和函数，并取 $v=\dfrac{1}{r}$，其中 M_0 为 Ω 内任一固定点，而 M 是 $\Omega\cup\Gamma$ 的一个变点.由于$\dfrac{1}{r}$在 M_0 处将变为无穷大，即 M_0 为奇异点，v 在 M_0 处不可导.因此，对区域 Ω 不能直接应用格林公式.我们可以作一个以 M_0 为中心，以充分小的正数 ρ 为半径的球面 $S_\rho^{M_0}$，在 Ω 内挖去 $S_\rho^{M_0}$ 所围成的球域 $K_\rho^{M_0}$，得到区域 $\Omega_1=\Omega-K_\rho^{M_0}$(如图 4.1)，在 Ω_1 内直至边界上 $v=\dfrac{1}{r}$是任意次连续可微的.因此在 $\Omega_1\cup\Gamma\cup S_\rho^{M_0}$ 上，函数 u 与 v 具有所要求的光滑性，故对此区域应用格林第二公式就得到

$$\iiint_{\Omega_1}\left(u\Delta\frac{1}{r}-\frac{1}{r}\Delta u\right)\mathrm{d}V=\iint_{\Gamma\cup S_\rho^{M_0}}\left[u\frac{\partial}{\partial n}\left(\frac{1}{r}\right)-\frac{1}{r}\frac{\partial u}{\partial n}\right]\mathrm{d}S. \tag{2.7}$$

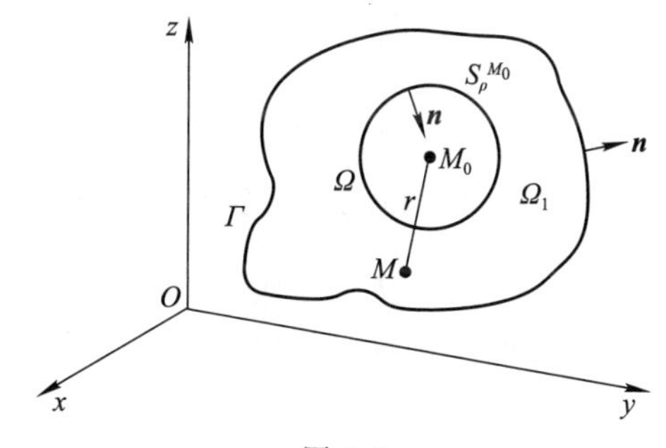

图 4.1

因为在 Ω_1 内，$\Delta u=0$，$\Delta\dfrac{1}{r}=0$.而在球面 $S_\rho^{M_0}$ 上，$\boldsymbol{n}$ 沿着 r 方向向内，所以$\dfrac{\partial}{\partial n}=-\dfrac{\partial}{\partial r}$，

$$\frac{\partial}{\partial n}\left(\frac{1}{r}\right)=-\frac{\partial}{\partial r}\left(\frac{1}{r}\right)=\frac{1}{r^2}=\frac{1}{\rho^2},$$

所以

$$\iint_{S_\rho^{M_0}}u\frac{\partial}{\partial n}\left(\frac{1}{r}\right)\mathrm{d}S=\frac{1}{\rho^2}\iint_{S_\rho^{M_0}}u\mathrm{d}S=\frac{1}{\rho^2}\overline{u}\cdot4\pi\rho^2=4\pi\,\overline{u}, \tag{2.8}$$

其中 $\overline{u}$ 表示函数 u 在球面 $S_\rho^{M_0}$上的平均值.

同理可得

$$\iint_{S_\rho^{M_0}}\frac{1}{r}\frac{\partial u}{\partial n}\mathrm{d}S=\frac{1}{\rho}\iint_{S_\rho^{M_0}}\frac{\partial u}{\partial n}\mathrm{d}S=4\pi\rho\,\overline{\frac{\partial u}{\partial n}}, \tag{2.9}$$

其中$\overline{\frac{\partial u}{\partial n}}$表示$\frac{\partial u}{\partial n}$在球面$S_{\rho}^{M_0}$上的平均值.

将(2.8)和(2.9)代入(2.7)可得

$$\iint_{\Gamma}\left[u\frac{\partial}{\partial n}\left(\frac{1}{r}\right)-\frac{1}{r}\frac{\partial u}{\partial n}\right]\mathrm{d}S+4\pi\,\overline{u}-4\pi\rho\overline{\frac{\partial u}{\partial n}}=0. \tag{2.10}$$

由于$u(x,y,z)$是连续函数,则

$$\lim_{\rho\to 0}\overline{u}=u(M_0),$$

又由于$u(x,y,z)$是一阶连续可微的,则在$S_{\rho}^{M_0}$上$\frac{\partial u}{\partial n}$有界,于是有

$$\lim_{\rho\to 0}4\pi\rho\overline{\frac{\partial u}{\partial n}}=0.$$

故在(2.10)中令$\rho\to 0$,可得

$$u(M_0)=\frac{1}{4\pi}\iint_{\Gamma}\left[\frac{1}{r}\frac{\partial u(M)}{\partial n}-u(M)\frac{\partial}{\partial n}\left(\frac{1}{r}\right)\right]\mathrm{d}S,$$

其中$r=\sqrt{(x-x_0)^2+(y-y_0)^2+(z-z_0)^2}$.这就是调和函数的**积分公式**.性质证毕. □

由公式(2.6),我们只要知道调和函数u及其法向导数$\frac{\partial u}{\partial n}$在边界$\Gamma$上的值,就可以算出$u$在区域$\Omega$内任何一点$M_0$处的值$u(M_0)$.

注　如果u不是Ω内的调和函数,而只是二阶连续可导的函数,那么在Ω_1内Δu不恒为零,可得

$$\iiint_{\Omega_1}\frac{\Delta u}{r}\mathrm{d}V+\iint_{\Gamma}\left[u\frac{\partial}{\partial n}\left(\frac{1}{r}\right)-\frac{1}{r}\frac{\partial u}{\partial n}\right]\mathrm{d}S+\iint_{S_{\rho}^{M_0}}\frac{1}{\rho^2}u\mathrm{d}S-\iint_{S_{\rho}^{M_0}}\frac{1}{\rho}\frac{\partial u}{\partial n}\mathrm{d}S=0,$$

从而有

$$u(M_0)=\frac{1}{4\pi}\iint_{\Gamma}\left[\frac{1}{r}\frac{\partial u}{\partial n}-u\frac{\partial}{\partial n}\left(\frac{1}{r}\right)\right]\mathrm{d}S-\frac{1}{4\pi}\iiint_{\Omega}\frac{\Delta u}{r}\mathrm{d}V. \tag{2.6$'$}$$

此公式同样有用,例如,用此公式可直接得到如下非齐次问题的解,

$$\begin{cases}\Delta u=f(x,y,z), & (x,y,z)\in\Omega,\\ u|_{\partial\Omega}=\varphi, \\ \dfrac{\partial u}{\partial n}\Big|_{\partial\Omega}=\psi.\end{cases}$$

当然,第一边值条件和第二边值条件一般不会同时给出.

性质 2.2(诺伊曼问题有解的必要条件)　若函数u在Ω内调和,在$\Omega\cup\Gamma$上有连续一阶偏导数,则

$$\iint_{\Gamma} \frac{\partial u}{\partial n} \mathrm{d}S = 0. \tag{2.11}$$

证明 在公式(2.3)中,令 u 是所给的调和函数,并取 $v \equiv 1$,即可得(2.11).

□

公式(2.11)表明,调和函数的法向导数沿区域边界的积分等于零.对稳定的温度场来说,这表示经过物体界面流入和流出该物体的热量相等,否则就不能保持热量的动态平衡,进而导致温度场不稳定.

性质 2.3(平均值公式) 设 u 在以点 M_0 为中心、R 为半径的球内调和,且在此闭球上有一阶连续偏导数,则

$$u(M_0) = \frac{1}{4\pi R^2} \iint_{S_R^{M_0}} u \mathrm{d}S. \tag{2.12}$$

证明 把公式(2.6)应用于球面 $S_R^{M_0}$,可得

$$u(M_0) = \frac{1}{4\pi} \iint_{S_R^{M_0}} \frac{1}{r} \frac{\partial u}{\partial n} \mathrm{d}S - \frac{1}{4\pi} \iint_{S_R^{M_0}} u \frac{\partial}{\partial n}\left(\frac{1}{r}\right) \mathrm{d}S,$$

由公式(2.11)知

$$\iint_{S_R^{M_0}} \frac{1}{r} \frac{\partial u}{\partial n} \mathrm{d}S = \frac{1}{R} \iint_{S_R^{M_0}} \frac{\partial u}{\partial n} \mathrm{d}S = 0,$$

而

$$\frac{1}{4\pi} \iint_{S_R^{M_0}} u \frac{\partial}{\partial n}\left(\frac{1}{r}\right) \mathrm{d}S = \frac{1}{4\pi} \iint_{S_R^{M_0}} u \frac{\partial}{\partial r}\left(\frac{1}{r}\right) \mathrm{d}S = -\frac{1}{4\pi R^2} \iint_{S_R^{M_0}} u \mathrm{d}S,$$

故

$$u(M_0) = \frac{1}{4\pi R^2} \iint_{S_R^{M_0}} u \mathrm{d}S.$$

这就是**平均值定理**.性质 2.3 证毕. □

性质 2.4(解的唯一性) 狄利克雷内问题在 $C^1(\overline{\Omega}) \cap C^2(\Omega)$ 内的解是唯一的,诺伊曼内问题的解除了相差一常数外也是唯一确定的.

证明(反证法) 假设定解问题的解不止一个,不妨设为 u_1 和 u_2.令它们的差为 $v = u_1 - u_2$,则 v 必满足原方程具有零边值条件的解.对于狄利克雷问题,v 满足

$$\begin{cases} \Delta v = 0, & \text{在 } \Omega \text{ 内}, \\ v|_{\Gamma} = 0, \end{cases} \tag{2.13}$$

对于诺伊曼内问题,v 满足

$$\begin{cases}\Delta v=0, & \text{在 } \Omega \text{ 内}, \\ \left.\dfrac{\partial v}{\partial n}\right|_{\Gamma}=0. \end{cases} \tag{2.14}$$

下面只需证明满足(2.13)的函数 v 若满足 $v\in C^1(\overline{\Omega})$,则在 Ω 内恒为零;满足(2.14)的函数在 Ω 内为一常数.此处仅对狄利克雷问题加以证明,诺伊曼问题是完全类似的(留作习题).

在公式(2.2)中,取 $u=v=u_1-u_2$,则可得

$$0=\iint_{\Gamma} v\frac{\partial v}{\partial n}\mathrm{d}S-\iiint_{\Omega}|\nabla v|^2\mathrm{d}V.$$

由条件(2.13)和(2.14)可得

$$\iiint_{\Omega}|\nabla v|^2\mathrm{d}V=0,$$

故在 Ω 内必有

$$\nabla v=0,$$

即

$$\frac{\partial v}{\partial x}=\frac{\partial v}{\partial y}=\frac{\partial v}{\partial z}\equiv 0,$$

或

$$v\equiv C,$$

对于狄利克雷内问题,由 $v|_{\Gamma}=0$,得 $C=0$,即 $v=0$.性质 2.4 证毕. □

有了调和函数的上述四个性质,我们就可以用格林函数法求解问题了.

§3 格 林 函 数

3.1 格林函数的定义

在上一节中,积分公式(2.6)表明:对于一个调和函数可以利用其本身在边界上的值及其在边界上的法向导数来确定它在区域 Ω 内的值.然而,这个公式并不能直接提供狄利克雷问题和诺伊曼问题的解,因为公式右端既包含了 $u|_{\Gamma}$,又包含了 $\left.\dfrac{\partial u}{\partial n}\right|_{\Gamma}$.而对于狄利克雷问题,虽然 $u|_{\Gamma}$ 已知,但 $\left.\dfrac{\partial u}{\partial n}\right|_{\Gamma}$ 未知;同样地,对于诺伊曼问题,$\left.\dfrac{\partial u}{\partial n}\right|_{\Gamma}$ 已知,而 $u|_{\Gamma}$ 是未知的.因此,要想利用公式(2.6)得到狄利

克雷问题的解,就必须设法用已知项去替换$\left.\frac{\partial u}{\partial n}\right|_{\Gamma}$;同理,对于诺伊曼问题,公式(2.6)中的$u|_{\Gamma}$也要用已知项去替换掉.为此,我们以狄利克雷问题为例(诺伊曼问题的推导是类似的),可以做如下的推导:在格林公式(2.3)中,设u为调和函数,并令$v=g$,且g也为Ω内的调和函数,即$\Delta g=0$,则(2.3)可写为

$$0=\iint_{\Gamma}\left(u\frac{\partial g}{\partial n}-g\frac{\partial u}{\partial n}\right)\mathrm{d}S.$$

上式乘$\frac{1}{4\pi}$,再和(2.6)相加,可得

$$u(M_0)=\frac{1}{4\pi}\iint_{\Gamma}\left\{\left(\frac{1}{r}-g\right)\frac{\partial u}{\partial n}-u\left[\frac{\partial}{\partial n}\left(\frac{1}{r}\right)-\frac{\partial g}{\partial n}\right]\right\}\mathrm{d}S. \tag{3.1}$$

如果在边界面Γ上有$\frac{1}{r}=g$,那么

$$\iint_{\Gamma}\left(\frac{1}{r}-g\right)\frac{\partial u}{\partial n}\mathrm{d}S=0,$$

又由于在狄利克雷问题中,

$$u|_{\Gamma}=f,$$

这样(3.1)可写为

$$u(M_0)=-\frac{1}{4\pi}\iint_{\Gamma}f\frac{\partial}{\partial n}\left(\frac{1}{r}-g\right)\mathrm{d}S. \tag{3.2}$$

因此,由(3.2)可知,要想求解狄利克雷问题[①],只要寻找到一个已知函数g,使得它满足两个条件:(1) g在Ω内为调和函数;(2) g在Γ上等于$\frac{1}{r}$,其中$r=\sqrt{(x-x_0)^2+(y-y_0)^2+(z-z_0)^2}$.由条件(1)和(2)可知,$g$与函数$u$完全无关,只和曲面$\Gamma$的形状与点$M_0(x_0,y_0,z_0)$的位置有关.即$g$是两点$M$和$M_0$的函数

$$g=g(M;M_0)=g(x,y,z;x_0,y_0,z_0).$$

令

$$G(M;M_0)=\frac{1}{r}-g(M;M_0),$$

于是

$$u(M_0)=-\frac{1}{4\pi}\iint_{\Gamma}f\frac{\partial G}{\partial n}\mathrm{d}S. \tag{3.3}$$

---

① 严格证明解函数u满足边值条件是比较困难的.

同样地,对于平面情形,可以得到

$$u(M_0)=-\frac{1}{2\pi}\int_S f\frac{\partial G}{\partial n}\mathrm{d}S, \tag{3.3$'$}$$

其中

$$G(M;M_0)=\ln\frac{1}{r}-g(M;M_0).$$

函数 G 称为拉普拉斯方程 $\Delta u=0$ 关于区域 Ω 的狄利克雷问题的**格林函数**.找到格林函数后,直接利用(3.3)或(3.3)′,就得到了狄利克雷问题的解.因此人们也把这种处理定解问题的方法称为**格林函数法**.

3.2 格林函数的性质和物理意义

由 $g(M;M_0)$ 的定义,我们可推出格林函数应具有下列两条性质:

(1) 除点 M_0 外,函数 $G(M;M_0)$ 在 D 内调和,在点 M_0 变为无穷大,而差 $G-\frac{1}{r}$ 保持有界.

(2) 在边界面 Γ 上,G 恒等于零.

因此,我们就得到这样一个满意的结论,要解决狄利克雷问题

$$\begin{cases}\Delta u=0, & \text{在 } \Omega \text{ 内},\\ u|_\Gamma=f,\end{cases}$$

只需对区域 Ω 求得格林函数 G.然而,要得到区域 Ω 上的格林函数 G,又必须求解一个特殊的狄利克雷问题

$$\begin{cases}\Delta g=0, & \text{在 } \Omega \text{ 内},\\ g|_\Gamma=\dfrac{1}{r}.\end{cases} \tag{3.4}$$

对于一般区域,要解决这个特殊的狄利克雷问题,同样是困难的.但是,我们并不因此就否定了这种求解的方法,因为:

(1) 格林函数仅依赖于区域的边界,而与问题所给的边值条件无关.如果求出了某个区域上的格林函数,就一劳永逸地解决了这个区域上的一切狄利克雷问题.

(2) 对于某些特殊的区域,如球、半空间等,格林函数可以用初等方法求得.

格林函数在静电学中有明显的**物理意义**.设在闭曲面 Γ 内一点 M_0 处放一个单位正电荷,则它在 Γ 面内侧感应有一定分布密度的负电荷,而在 Γ 外侧分布有相应的正电荷.若曲面 Γ 是导体并接地,则外侧正电就消失,且 Γ 上的电势为零.这时 Γ 内除 M_0 外任意一点 M 的电势即是格林函数 G,它是由两种电荷产

生的,一是在点 M_0 处的单位正电荷,由它产生的电势为

$$\frac{1}{4\pi\varepsilon r_{M_0M}},\quad \varepsilon \text{ 为介电常数;}$$

二是在 Γ 内感应的负电荷,由它产生的电势为 g,g 就是定解问题(3.4)的解(相差一个常系数$\frac{1}{4\pi\varepsilon}$).因此,格林函数就是导电曲面 Γ 内部 M_0 处单位正电荷产生的电势与 Γ 上感应负电荷产生的电势的叠加.

§4 几类特殊区域问题的求解

在上一节中,我们得到结论:对于一个由封闭曲面 Γ 所围成的区域 Ω,只要求出它的格林函数,就能利用积分公式求出在此区域内狄利克雷问题的解.对于一般的具有光滑边界的有界区域,可以证明格林函数的存在性,但是求解非常困难.不过,对于特殊的区域 Ω,我们用初等的方法就可以求出它的格林函数,其中一种重要的方法就是**静电原像法**.从物理上说,静电原像法就是在区域外部虚设点源,使得它们连同放置在区域内部的点源一起在全平面产生的电场恰好使在物体表面上的电势等于0.具体方法是,设 M_0 是 Ω 内的一点,在 M_0 处放置一单位正电荷,在 Ω 外找出与 M_0 关于边界 Γ 具有某种对称的像点 M_1,然后在这个像点位置放置适当的负电荷,由它产生的负电势与 M_0 点单位正电荷所产生的正电势在曲面 Γ 上相互抵消.由于 M_0 在 Ω 内部,它关于 Γ 的像点 M_1 则在 Γ 的外部,因此,放在 M_1 处的点电荷所形成的电场的电势在 Γ 内部是调和函数 v,而且根据要求,有

$$v\big|_{\Gamma}=\frac{1}{4\pi r_{M_0M}}\bigg|_{\Gamma},$$

故在 M_0 与 M_1 处两个点的电荷所形成电场在 Γ 内的电势就是所要求的格林函数.下面我们以几个特殊的区域为例,用静电原像法来求格林函数.

例 4.1 圆域上的格林函数.

设 Ω 是以原点为圆心、R 为半径的圆 B_R.在圆 B_R 外的 $M_1(x_1,y_1)$ 处虚置一负点电荷,电量为 C(待定).它与圆内的单位点电荷的位置 $M_0(x_0,y_0)$ 关于边界 Γ 具有某种对称性.则 M_0,M_1 这两点的电荷在圆域内以及边界上所形成的电势的叠加为(二维情形)

$$\frac{1}{2\pi}\left(\ln\frac{1}{r_{MM_0}}-\ln\frac{C}{r_{MM_1}}\right)=\frac{1}{2\pi}G(M;M_0),$$

其中 $r_{MM_0}=\sqrt{(x-x_0)^2+(y-y_0)^2}$, $r_{MM_1}=\sqrt{(x-x_1)^2+(y-y_1)^2}$. 由本章§1的讨论，$G(x,y;x_0,y_0)$显然满足 $\Delta G=0$.现在只需通过确定(x_1,y_1)以及常数 C,使得

$$G(M;M_0)\big|_{\partial B_R}=0.$$

由圆周的对称性,我们可把 M_1 选取为 ρ 关于圆周∂B_R 的**反演点**,即如果在极坐标系下,设 M_0 的坐标为(ρ,θ),那么 M_1 的坐标可设为(ρ_1,θ),且满足

$$\rho\rho_1=R^2.$$

因此,当 $M(x,y)\in\partial B_R$ 时(如图 4.2 中 $P(x,y)$点),则

$$\triangle OPM_0\sim\triangle OM_1P,$$

即

$$\frac{PM_0}{PM_1}=\frac{OM_0}{OP}=\frac{\rho}{R},$$

则

$$\begin{aligned}G(M;M_0)\big|_{P\in\partial B_R}&=\ln\frac{1}{PM_0}-\ln\frac{C}{PM_1}\\&=\ln\frac{1}{PM_0}-\ln\left(\frac{C}{PM_0}\cdot\frac{\rho}{R}\right).\end{aligned}$$

为了使 $G\big|_{\partial B_R}=0$,只需取 $C=\dfrac{R}{\rho}$,于是我们就得到圆域上的格林函数

$$G(M;M_0)=\ln\frac{1}{r_{MM_0}}-\ln\left(\frac{R}{\rho}\cdot\frac{1}{r_{MM_1}}\right).$$

例 4.2　对于球域,我们可以类似地得到其格林函数为(沿用图 4.2 为球的剖面图)

$$G(M;M_0)=\frac{1}{r}-\frac{R}{\rho}\frac{1}{r_1}.$$

例 4.3　半空间的情形,即求一个在上半空间 $z>0$ 内的调和函数$u(x,y,z)$,且在边界面 $z=0$ 上满足

$$u(x,y,0)=f(x,y).$$

设 r 是由 $M_0(x_0,y_0,z_0)$ 到变点 M 之间的距离,其中 $z_0>0$, r_1 是由 $M_1(x_0,y_0,-z_0)$到变点 M 之间的距离.对于平面$z=0$而言,M_1 是 M_0 的对称点(如图 4.3).因为 M_1 位于半空间之外,故在半空间 $z>0$ 内,$\dfrac{1}{r_1}$是 M 的调和函数,当 M 出现在边界面 $z=0$ 上时,显然有$\dfrac{1}{r_1}=\dfrac{1}{r}$.因此,在所考虑的情形下,格林函数为

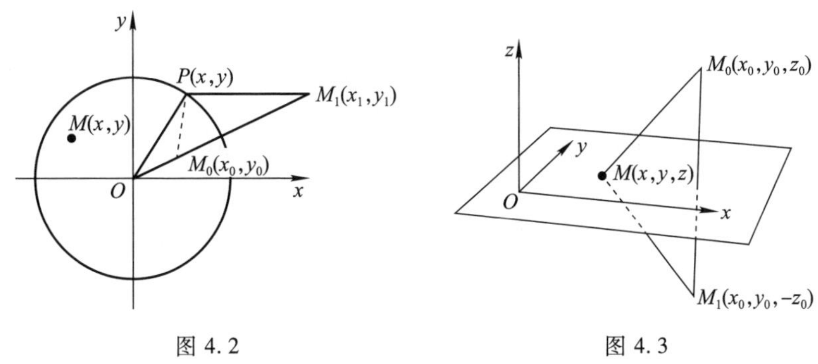

图 4.2　　　　　　图 4.3

$$G(M;M_0)=\frac{1}{r}-\frac{1}{r_1}$$
$$=\frac{1}{\sqrt{(x-x_0)^2+(y-y_0)^2+(z-z_0)^2}}-\frac{1}{\sqrt{(x-x_0)^2+(y-y_0)^2+(z+z_0)^2}}.$$

对于半空间 $z>0$ 而言,边界面 $z=0$ 的外法线方向与 z 轴的方向相反,就是说 $\frac{\partial}{\partial n}=-\frac{\partial}{\partial z}$.于是,公式(3.3)给出问题的解为

$$u(x_0,y_0,z_0)=\frac{1}{4\pi}\int_{-\infty}^{+\infty}\int_{-\infty}^{+\infty}f(x,y)\cdot\frac{\partial}{\partial z}\left[\frac{1}{\sqrt{(x-x_0)^2+(y-y_0)^2+(z-z_0)^2}}-\frac{1}{\sqrt{(x-x_0)^2+(y-y_0)^2+(z+z_0)^2}}\right]\Bigg|_{z=0}\mathrm{d}x\mathrm{d}y$$
$$=\frac{z_0}{2\pi}\int_{-\infty}^{+\infty}\int_{-\infty}^{+\infty}f(x,y)\cdot\frac{1}{[(x-x_0)^2+(y-y_0)^2+z_0^2]^{\frac{3}{2}}}\mathrm{d}x\mathrm{d}y.\qquad(4.1)$$

例 4.4　完全类似地,当考虑半平面 $y>0$ 内的狄利克雷问题时,格林函数为

$$\ln\frac{1}{r}-\ln\frac{1}{r_1}=\ln\frac{1}{\sqrt{(x-x_0)^2+(y-y_0)^2}}-\ln\frac{1}{\sqrt{(x-x_0)^2+(y+y_0)^2}},$$

并且对于边值条件

$$u(x,0)=f(x),$$

由公式(3.3)′给出问题的解

$$u(x_0,y_0)=\frac{y_0}{\pi}\int_{-\infty}^{+\infty}\frac{f(x)}{(x-x_0)^2+y_0^2}\mathrm{d}x.\qquad(4.2)$$

可以严格证明表达式(4.1)(4.2)确实分别是相应的狄利克雷问题的解.

习　题　四

1. 证明：三维拉普拉斯方程诺伊曼内问题的解除相差一个常数外是唯一的.

2. 设二维区域 Ω 是由分段光滑的简单闭曲线 Γ 围成，函数 $u=u(x,y)$，$v=v(x,y)$ 在 $\Omega\cup\Gamma$ 上有连续的二阶偏导数，记

$$\Delta_2=\frac{\partial^2}{\partial x^2}+\frac{\partial^2}{\partial y^2}\text{（二维拉普拉斯算子）}.$$

应用格林公式

$$\oint_{\Gamma}[P\cos(n,x)+Q\cos(n,y)]\mathrm{d}S=\iint_{\Omega}\left(\frac{\partial P}{\partial x}+\frac{\partial Q}{\partial y}\right)\mathrm{d}x\mathrm{d}y,$$

证明格林第一公式

$$\iint_{\Omega}u\Delta_2 v\mathrm{d}x\mathrm{d}y=\oint_{\Gamma}u\frac{\partial v}{\partial n}\mathrm{d}S-\iint_{\Omega}\nabla u\cdot\nabla v\mathrm{d}x\mathrm{d}y$$

和格林第二公式

$$\iint_{\Omega}(u\Delta_2 v-v\Delta_2 u)\mathrm{d}x\mathrm{d}y=\oint_{\Gamma}\left(u\frac{\partial v}{\partial n}-v\frac{\partial u}{\partial n}\right)\mathrm{d}S,$$

其中 $\boldsymbol{n}$ 表示 C 上每点处的单位外法线向量.

3. 试求解半球域上狄利克雷问题的格林函数.

4. 求解四分之一空间上狄利克雷问题的格林函数.

5. 试用格林函数法求解下列问题：

$$\begin{cases}u_{xx}+y_{xx}=0, & 0<x,y<+\infty,\\ u(0,y)=\varphi(y), & y\geqslant 0,\\ u(x,0)=\psi(x), & x\geqslant 0.\end{cases}$$

6. 求解狄利克雷问题的半圆面的格林函数，并解出

$$\begin{cases}\Delta u=0, & \rho<R,\\ u(R,\varphi)=g(\varphi), & 0\leqslant\varphi\leqslant\pi,\\ u(\rho,0)=h(\rho), & 0\leqslant\rho\leqslant R,\\ u(\rho,\pi)=k(\rho), & 0\leqslant\rho\leqslant R,\end{cases}$$

其中 g,h,k 为已知函数.

7. 求解下列边值问题：

$$\begin{cases}\Delta u=f(x,y), & -\infty<x<+\infty,y>0,\\ u(x,0)=\varphi(x), & -\infty<x<+\infty.\end{cases}$$

第四章自测题

第五章
勒让德多项式

上一章中，我们介绍了拉普拉斯方程的一个求解方法——格林函数法，并称拉普拉斯方程的解为调和函数.若用球坐标和圆柱坐标来表示拉普拉斯方程，则会分别得到球面调和函数和圆柱调和函数，或简称球面函数和圆柱函数，其中球面函数中含有本章所要介绍的**勒让德(Legendre)多项式**，而圆柱函数中则包含下一章将要介绍的贝塞尔函数.

§1 勒让德方程的导出

在上一章中，我们介绍过球形区域上的狄利克雷问题

$$\begin{cases}\dfrac{\partial^2 u}{\partial x^2}+\dfrac{\partial^2 u}{\partial y^2}+\dfrac{\partial^2 u}{\partial z^2}=0, \quad x^2+y^2+z^2<R^2, & (1.1)\\ u\big|_{x^2+y^2+z^2=R^2}=f(x,y,z), & (1.2)\end{cases}$$

其中 R 为球域的半径.引入球坐标变换

$$\begin{cases}x=r\sin\theta\cos\varphi,\\ y=r\sin\theta\sin\varphi,\\ z=r\cos\theta,\end{cases}$$

其中 $0\leqslant r<\infty$，$0\leqslant\theta\leqslant\pi$，$0\leqslant\varphi<2\pi$，代入到(1.1)中可得球坐标变换下的拉普拉斯方程

$$\frac{\partial^2 u}{\partial r^2}+\frac{2}{r}\frac{\partial u}{\partial r}+\frac{1}{r^2}\left(\frac{\partial^2 u}{\partial\theta^2}+\frac{\cos\theta}{\sin\theta}\frac{\partial u}{\partial\theta}\right)+\frac{1}{r^2\sin^2\theta}\frac{\partial^2 u}{\partial\varphi^2}=0, \tag{1.3}$$

相应地，边界条件(1.2)变为

$$u\big|_{r=R}=f(\theta,\varphi), \tag{1.4}$$

定解问题(1.3)(1.4)具有鲜明的物理背景，如电场中的导体球.

下面我们将从(1.3)中导出勒让德方程.采用分离变量法，令 $u(r,\theta,\varphi)=$

$R(r)Y(\theta,\varphi)$，代入方程(1.3)可得

$$Y\left(\frac{\mathrm{d}^2R}{\mathrm{d}r^2}+\frac{2}{r}\frac{\mathrm{d}R}{\mathrm{d}r}\right)+\frac{R}{r^2}\left(\frac{\partial^2Y}{\partial\theta^2}+\frac{\cos\theta}{\sin\theta}\frac{\partial Y}{\partial\theta}+\frac{1}{\sin^2\theta}\frac{\partial^2Y}{\partial\varphi^2}\right)=0,$$

上式两边同乘$\frac{r^2}{RY}$，移项可得

$$\frac{r^2}{R}\left(\frac{\mathrm{d}^2R}{\mathrm{d}r^2}+\frac{2}{r}\frac{\mathrm{d}R}{\mathrm{d}r}\right)=-\frac{1}{Y}\left(\frac{\partial^2Y}{\partial\theta^2}+\frac{\cos\theta}{\sin\theta}\frac{\partial Y}{\partial\theta}+\frac{1}{\sin^2\theta}\frac{\partial^2Y}{\partial\varphi^2}\right)=\lambda.$$

于是我们有

$$r^2\frac{\mathrm{d}^2R}{\mathrm{d}r^2}+2r\frac{\mathrm{d}R}{\mathrm{d}r}-\lambda R=0,\tag{1.5}$$

$$\frac{\partial^2Y}{\partial\theta^2}+\frac{\cos\theta}{\sin\theta}\frac{\partial Y}{\partial\theta}+\frac{1}{\sin^2\theta}\frac{\partial^2Y}{\partial\varphi^2}+\lambda Y=0,\tag{1.6}$$

其中λ为待定常数.由于(1.6)中不含r，故(1.6)的解$Y(\theta,\varphi)$与半径r无关，我们称之为**球面函数或球函数**.

再令$Y(\theta,\varphi)=\Theta(\theta)\Phi(\varphi)$，代入(1.6)可得

$$\frac{\mathrm{d}^2\Theta}{\mathrm{d}\theta^2}\Phi+\frac{\cos\theta}{\sin\theta}\frac{\mathrm{d}\Theta}{\mathrm{d}\theta}\Phi+\frac{1}{\sin^2\theta}\Theta\frac{\mathrm{d}^2\Phi}{\mathrm{d}\varphi^2}+\lambda\Theta\Phi=0,$$

上式两端同乘$\frac{\sin^2\theta}{\Theta\Phi}$，并令$t=\cos\theta$，则移项可得

$$(1-t^2)^2\frac{1}{\Theta}\frac{\mathrm{d}^2\Theta}{\mathrm{d}t^2}-2t(1-t^2)\frac{1}{\Theta}\frac{\mathrm{d}\Theta}{\mathrm{d}t}+\lambda(1-t^2)=-\frac{1}{\Phi}\frac{\mathrm{d}^2\Phi}{\mathrm{d}\varphi^2}=m^2.\tag{1.7}$$

由上式可得

$$\frac{\mathrm{d}^2\Phi}{\mathrm{d}\varphi^2}+m^2\Phi=0,$$

$$(1-t^2)\frac{\mathrm{d}^2\Theta}{\mathrm{d}t^2}-2t\frac{\mathrm{d}\Theta}{\mathrm{d}t}+\left(\lambda-\frac{m^2}{1-t^2}\right)\Theta=0.\tag{1.8}$$

习惯上，我们常令$t=x$，$\Theta(t)=y(x)$，于是方程(1.8)变为

$$(1-x^2)\frac{\mathrm{d}^2y}{\mathrm{d}x^2}-2x\frac{\mathrm{d}y}{\mathrm{d}x}+\left(\lambda-\frac{m^2}{1-x^2}\right)y=0.\tag{1.9}$$

方程(1.9)称为**连带勒让德方程**.若$u(r,\theta,\varphi)$与φ无关，由(1.7)可知$m=0$，则(1.9)变为

$$(1-x^2)\frac{\mathrm{d}^2y}{\mathrm{d}x^2}-2x\frac{\mathrm{d}y}{\mathrm{d}x}+\lambda y=0.\tag{1.10}$$

方程(1.10)称为**勒让德方程**.

§2 勒让德方程的幂级数解

为了后面计算的方便,我们把上一节勒让德方程(1.10)中的常数 λ 写成 $n(n+1)$ 的形式(这是可以做到的,因为任何一个实数总可以写成这种形式,其中的 n 可能为实数,也可能为复数),于是我们只需研究如下形式的勒让德方程的解:

$$(1-x^2)\frac{d^2y}{dx^2}-2x\frac{dy}{dx}+n(n+1)y=0. \tag{2.1}$$

在实际应用中,n 为非负整数时的情况最为重要,因此,下面就这种情形的 n 来考虑勒让德方程,并称之为 **n 阶勒让德方程**.若把(2.1)化为标准形式,立即看出 $x=0$ 是方程的常点①.因而,在 $x=0$ 的邻域内,方程的解可以表示为幂级数形式(见参考文献[18]),即

$$y=x^C(a_0+a_1x+a_2x^2+\cdots+a_nx^n+\cdots)=\sum_{k=0}^{\infty}a_kx^{k+C}, \tag{2.2}$$

其中 a_k,C 为待定常数.对(2.2)逐项微分,可得

$$\frac{dy}{dx}=\sum_{k=0}^{\infty}(k+C)a_kx^{k+C-1}, \tag{2.3}$$

$$\frac{d^2y}{dx^2}=\sum_{k=0}^{\infty}(k+C)(k+C-1)a_kx^{k+C-2}. \tag{2.4}$$

把(2.2)(2.3)和(2.4)代入方程(2.1),可得

$$(1-x^2)\sum_{k=0}^{\infty}(k+C)(k+C-1)a_kx^{k+C-2}-2x\sum_{k=0}^{\infty}(k+C)a_kx^{k+C-1}+$$
$$n(n+1)\sum_{k=0}^{\infty}a_kx^{k+C}=0,$$

整理可得

$$C(C-1)a_0x^{C-2}+C(C+1)a_1x^{C-1}+\sum_{k=0}^{\infty}\{(k+C+2)(k+C+1)a_{k+2}-$$
$$[(k+C)(k+C+1)-n(n+1)]a_k\}x^{k+C}=0. \tag{2.5}$$

由于上式是一个关于 x 的恒等式,所以 x 的各次幂的系数均为零,即

$$C(C-1)a_0=0, \tag{2.6}$$

① 如果一方程的系数均在某点 z_0 及其邻域内解析,那么称 z_0 为该方程的常点.

$$C(C+1)a_1=0, \tag{2.7}$$

$$(k+C+2)(k+C+1)a_{k+2}-[(k+C)(k+C+1)-n(n+1)]a_k=0, \tag{2.8}$$

由(2.6)可得 $C=0$ 或 $C=1$,由(2.7)可得 $C=0$ 或 $C=-1$,由(2.8)可得系数 a_k 的递推关系

$$a_{k+2}=\frac{(k+C)(k+C+1)-n(n+1)}{(k+C+1)(k+C+2)}a_k, \quad k=0,1,2,\cdots.$$

取 $C=0$,可得

$$a_{k+2}=\frac{(k-n)(k+n+1)}{(k+2)(k+1)}a_k, \quad k=0,1,2,\cdots, \tag{2.9}$$

其中 a_0,a_1 都是任意常数.在上面的递推公式中,取 $k=0,2,\cdots,2i,\cdots$,分别可得

$$a_2=\frac{-n(n+1)}{2!}a_0,$$

$$a_4=(-1)^2\frac{n(n-2)(n+1)(n+3)}{4!}a_0,$$

…………

$$a_{2i}=(-1)^i\frac{n(n-2)\cdots(n-2i+2)(n+1)(n+3)\cdots(n+2i-1)}{(2i)!}a_0,$$

…………

再令 $k=1,3,\cdots,2i-1,\cdots$,分别可得

$$a_3=-\frac{(n-1)(n+2)}{3!}a_1,$$

$$a_5=(-1)^2\frac{(n-1)(n-3)(n+2)(n+4)}{5!}a_1,$$

…………

$$a_{2i+1}=(-1)^i\frac{(n-1)(n-3)\cdots(n-2i+1)(n+2)(n+4)\cdots(n+2i)}{(2i+1)!}a_1,$$

…………

将这些值代入(2.2),可得

$$y=a_0\left[1-\frac{n(n+1)}{2!}x^2+\frac{n(n-2)(n+1)(n+3)}{4!}x^4+\cdots\right]+$$
$$a_1\left[x-\frac{(n-1)(n+2)}{3!}x^3+\frac{(n-1)(n-3)(n+2)(n+4)}{5!}x^5+\cdots\right]. \tag{2.10}$$

由于 a_0,a_1 的任意性,所以函数

$$y_0=a_0\left[1-\frac{n(n+1)}{2!}x^2+\frac{n(n-2)(n+1)(n+3)}{4!}x^4+\cdots\right], \tag{2.11}$$

$$y_1=a_1\left[x-\frac{(n-1)(n+2)}{3!}x^3+\frac{(n-1)(n-3)(n+2)(n+4)}{5!}x^5+\cdots\right] \tag{2.12}$$

分别是方程(2.1)的解.显然,当 $a_0a_1\neq 0$ 时,它们是线性无关的.

如果在开始时取 $C=1$,重复前面的做法,所得的级数解就是 y_1;同样地,如果取 $C=-1$,所得级数解就是 y(此验证留给读者).

根据系数递推公式(2.9)容易证明两个级数的收敛半径都为1,故在(−1,1)内(2.10)即为方程(2.1)的**通解**.上面求解方程(2.1)的解法称为幂级数解法.利用幂级数解法也可以求解偏微分方程,参见参考文献[21].

从(2.11)和(2.12)可以看出,当 n 不是整数时,y_0 与 y_1 都是无穷级数,在 $|x|<1$ 内它们都绝对收敛,可以证明在 $x=\pm 1$ 时它们都发散,且此时勒让德方程的解不可能在 $x=1$ 和 $x=-1$ 处为有限.

§3 勒让德多项式

在上一节中容易看出,当 n 为偶数时,$y_0(x)$ 是一个多项式,可以证明 $y_1(\pm 1)$ 发散.此时取 $a_1=0$,则得勒让德方程(2.1)在闭区间[−1,1]上的有界非零解,或者满足自然边界条件的非零解.同理,当 n 为奇数时,$y_1(x)$ 是一个多项式,可以证明 $y_0(\pm 1)$ 发散.此时取 $a_0=0$,可得在[−1,1]上的有界非零解,或者满足自然边界条件的非零解.

通常把这种多项式的最高次方幂 x^n 的系数规定为(理由可参见下节内容)

$$a_n=\frac{(2n)!}{2^n(n!)^2}. \tag{3.1}$$

表达式(3.1)的推导可由(2.9)开始,把(2.9)写成如下形式

$$a_k=-\frac{(k+2)(k+1)}{(n-k)(k+n+1)}a_{k+2}\quad (k\leqslant n-2),$$

由此式,可以用 a_n 来表示其他各次项的系数:

$$\begin{aligned} a_{n-2}&=-\frac{n(n-1)}{2(2n-1)}a_n,\\ a_{n-4}&=-\frac{(n-2)(n-3)}{4(2n-3)}a_{n-2}=(-1)^2\frac{n(n-1)(n-2)(n-3)}{2\cdot 4(2n-1)(2n-3)}a_n\\ &=(-1)^2\frac{(2n-4)!}{2^n\cdot 2!(n-2)!(n-4)!}, \end{aligned}$$

$$a_{n-6}=(-1)^3\frac{(2n-6)!}{2^n3!(n-3)!(n-6)!},$$

由数学归纳法,可得

$$a_{n-2m}=(-1)^m\frac{(2n-2m)!}{2^nm!(n-m)!(n-2m)!},\quad m=0,1,2,\cdots,\left[\frac{n}{2}\right],$$

其中$\left[\frac{n}{2}\right]$表示对$\frac{n}{2}$取整.于是当 n 为正偶数时,将这些整数代入(2.11),可得

$$\begin{aligned}y_0&=\frac{(2n)!}{2^n(n!)^2}x^n-\frac{(2n-2)!}{2^n(n-1)!(n-2)!}x^{n-2}+\cdots\\&=\sum_{m=0}^{\frac{n}{2}}(-1)^m\frac{(2n-2m)!}{2^nm!(n-m)!(n-2m)!}x^{n-2m}.\end{aligned}$$

当 n 为正奇数时,将上面的 a_{n-2m} 表达式代入(2.12) 可得

$$y_1=\sum_{m=0}^{\frac{n-1}{2}}(-1)^m\frac{(2n-2m)!}{2^nm!(n-m)!(n-2m)!}x^{n-2m},$$

把这两个多项式写成统一的形式,并记为 $P_n(x)$,即

$$P_n(x)=\sum_{m=0}^{M}(-1)^m\frac{(2n-2m)!}{2^nm!(n-m)!(n-2m)!}x^{n-2m},\qquad(3.2)$$

其中

$$M=\begin{cases}\dfrac{n}{2},&\text{当 } n \text{ 为偶数时},\\[2ex]\dfrac{n-1}{2},&\text{当 } n \text{ 为奇数时}.\end{cases}$$

这个多项式称为 n **次勒让德多项式**(或称为**第一类勒让德函数**).

下面给出六个勒让德多项式的显式表达式并画出前五个多项式的图形(如图 5.1).

$$P_0(x)=1,\qquad P_1(x)=x,$$

$$P_2(x)=\frac{3}{2}x^2-\frac{1}{2},\qquad P_3(x)=\frac{5}{2}x^3-\frac{3}{2}x,$$

$$P_4(x)=\frac{7}{4}\cdot\frac{5}{2}x^4-2\cdot\frac{5}{4}\cdot\frac{3}{2}x^2+\frac{3}{4}\cdot\frac{1}{2},$$

$$P_5(x)=\frac{9}{4}\cdot\frac{7}{2}x^5-2\cdot\frac{7}{4}\cdot\frac{5}{2}x^3+\frac{5}{4}\cdot\frac{3}{2}x.$$

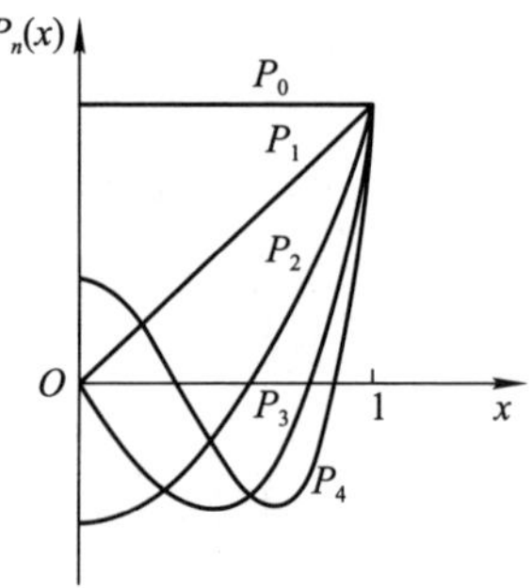

图 5.1

显然

$$P_n(-x)=(-1)^nP_n(x),$$

$$P_{2n+1}(0)=0,$$

$$P_{2n}(0)=(-1)^n\frac{(2n)!}{2^{2n}(n!)^2}.$$

$P_n(x)$还可以写成

$$P_n(x)=\frac{1}{2^n n!}\frac{\mathrm{d}^n}{\mathrm{d}x^n}(x^2-1)^n \tag{3.3}$$

的形式,(3.3)式称为勒让德多项式的**罗德里格斯(Rodrigues)表达式**.要验证这个公式,只需要利用二项式定理将$(x^2-1)^n$展开,然后逐项求n阶导数(验证过程留作习题).

综上所述,关于勒让德多项式可得出如下结论:

(1) 当n不是整数时,方程(2.1)的通解为$y=y_0+y_1$,其中y_0,y_1分别由(2.11)和(2.12)确定,而且它们在闭区间$[-1,1]$上是无界的,所以此时方程(2.1)在$[-1,1]$上不存在有界的解.

(2) 当n为整数,a_n适当选定之后,y_0与y_1中有一个是勒让德多项式$P_n(x)$,另一个仍是无穷级数,记作$Q_n(x)$.此时方程(2.1)的通解是

$$y=C_1P_n(x)+C_2Q_n(x),$$

其中$Q_n(x)$称为**第二类勒让德函数**,它在闭区间$[-1,1]$上仍是无界的.

§4 勒让德多项式的母函数及其递推公式

4.1 勒让德多项式的母函数

由于勒让德多项式是从拉普拉斯方程得来,因而不妨从拉普拉斯方程的基本解来推出勒让德多项式的母函数.图5.2所示为以O为球心的单位球,Q为北极点,P为球内一变点.在球坐标下,

$$r^2=(1-\rho\cos\theta)^2+(\rho\sin\theta)^2=1-2\rho\cos\theta+\rho^2,$$

令$x=\cos\theta$,在Q点放置一单位正电荷,则P点的电势为

$$\frac{1}{r}=\frac{1}{\sqrt{1-2x\rho+\rho^2}}.$$

现在我们来讨论下面的函数

$$G(x,z)=\frac{1}{\sqrt{1-2xz+z^2}},$$

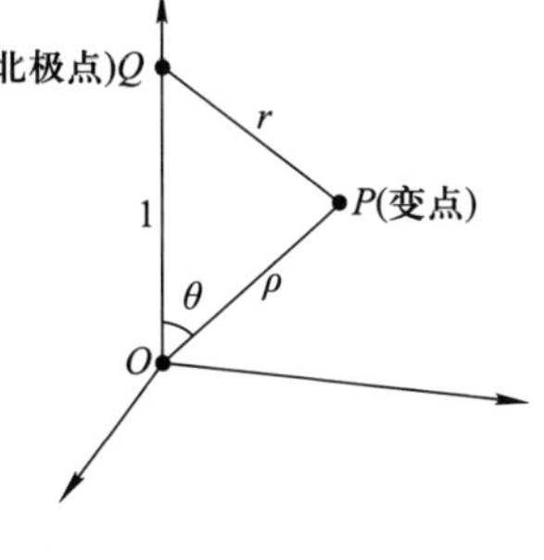

图 5.2

其中 z 为复变量，而 x 为绝对值不大于 1 的参数，因此 $G(x,z)$ 在单位圆 $|z|<1$ 内是解析函数.由洛朗定理可知，当 $|z|<1$ 时，有

$$G(x,z)=(1-2xz+z^2)^{-\frac{1}{2}}=\sum_{n=0}^{\infty}C_n(x)z^n,$$

其中

$$C_n(x)=\frac{1}{2\pi\mathrm{i}}\int_C(1-2x\xi+\xi^2)^{-\frac{1}{2}}\xi^{-(n+1)}\mathrm{d}\xi,$$

C 是单位圆内包围原点 $z=0$ 的封闭曲线.由于 $\dfrac{1}{r}$ 是拉普拉斯方程的基本解，而 $C_n(x)$ 又只与 x（或者说只与 θ）有关，故 $C_n(x)$ 应为勒让德多项式.证明如下：

作变量代换

$$(1-2x\xi+\xi^2)^{\frac{1}{2}}=1-\xi u,$$

则复变量 ξ 就换成复变量 u，且

$$\xi=\frac{2(u-x)}{u^2-1},$$

$$\mathrm{d}\xi=2\cdot\frac{2xu-u^2-1}{(u^2-1)^2}\mathrm{d}u,$$

$$1-\xi u=\frac{2xu-u^2-1}{u^2-1}.$$

显然，图 5.2 中点 O 对应于 u 平面上的点 x，ξ 沿 C 走一圈时，u 相应地围绕点 x 也沿某条封闭曲线 C' 走一圈，因此，

$$\begin{aligned}C_n(x)=&\frac{1}{2\pi\mathrm{i}}\int_{C'}\left(\frac{2xu-u^2-1}{u^2-1}\right)^{-1}\cdot\\&2^{-(n+1)}\left(\frac{u-x}{u^2-1}\right)^{-(n+1)}\cdot 2\cdot\frac{2xu-u^2-1}{(u^2-1)^2}\mathrm{d}u\\=&\frac{1}{2\pi\mathrm{i}}\int_{C'}\frac{(u^2-1)^n}{2^n(u-x)^{n+1}}\mathrm{d}u\\=&P_n(x),\end{aligned}$$

故

$$G(x,z)=\frac{1}{\sqrt{1-2xz+z^2}}=\sum_{n=0}^{\infty}P_n(x)z^n. \tag{4.1}$$

通常把 $G(x,z)\left(或者\dfrac{1}{r}\right)$ 称为勒让德多项式的**母函数**.需要补充的是，在前

一节中,把勒让德方程多项式解的最高次幂项的系数规定为$\frac{(2n)!}{2^n(n!)^2}$,恰好与(4.1)中的展开系数完全一致.

现在,我们就可以由表达式(4.1)来推出$P_n(x)$的表达式,例如

$$P_0(x)=G(x,0)=1,$$

$$P_1(x)=\left.\frac{\partial G}{\partial z}\right|_{z=0}=x,$$

$$P_2(x)=\left.\frac{1}{2!}\frac{\partial^2 G}{\partial z^2}\right|_{z=0}=\frac{3}{2}x^2-\frac{1}{2},$$

…………

$$P_n(x)=\left.\frac{1}{n!}\frac{\partial^n G}{\partial z^n}\right|_{z=0}.$$

由(4.1)还可以得到下面两个事实,即

$$P_n(1)=1,\quad P_n(-1)=(-1)^n.$$

事实上,在(4.1)中令$x=1$,得

$$\frac{1}{1-z}=\sum_{n=0}^{\infty}P_n(1)z^n,$$

又因为

$$\frac{1}{1-z}=\sum_{n=0}^{\infty}z^n,$$

故有

$$P_n(1)=1,$$

同理

$$P_n(-1)=(-1)^n.$$

4.2 勒让德多项式的递推公式

首先对表达式(4.1)的两端分别关于z,x求导,可得

$$(x-z)(1-2xz+z^2)^{-\frac{3}{2}}=\sum_{n=1}^{\infty}nP_n(x)z^{n-1},\tag{4.2}$$

$$z(1-2xz+z^2)^{-\frac{3}{2}}=\sum_{n=1}^{\infty}P'_n(x)z^n,\tag{4.3}$$

并对(4.2)两端同乘z,(4.3)两端同乘$x-z$,然后相减,可得

$$z\sum_{n=1}^{\infty}nP_n(x)z^{n-1}=(x-z)\sum_{n=1}^{\infty}P'_n(x)z^n.$$

由于等式两端是关于z的两个多项式,则z的同次幂项的系数相等,即

$$nP_n(x)=xP'_n(x)-P'_{n-1}(x). \tag{4.4}$$

其次在(4.2)两端同乘 $1-2xz+z^2$,可得

$$(x-z)(1-2xz+z^2)^{-\frac{1}{2}}=(1-2xz+z^2)\sum_{n=1}^{\infty}nP_n(x)z^{n-1},$$

又由(4.1),可得

$$(x-z)\sum_{n=0}^{\infty}P_n(x)z^n=(1-2xz+z^2)\sum_{n=1}^{\infty}nP_n(x)z^{n-1},$$

比较等式两端的系数,可得

$$(2n+1)xP_n(x)-nP_{n-1}(x)=(n+1)P_{n+1}(x). \tag{4.5}$$

最后在(4.5)中关于 x 求导,可得

$$(2n+1)P_n(x)+(2n+1)xP'_n(x)-nP'_{n-1}(x)=(n+1)P'_{n+1}(x), \tag{4.6}$$

对(4.4)两端同乘 n,再与(4.6)式相加,消去 $P'_{n-1}(x)$ 项,可得

$$(n+1)P_n(x)+xP'_n(x)=P'_{n+1}(x). \tag{4.7}$$

因此,由展开式(4.1)可推出三个重要的勒让德多项式的递推公式,即

$$P'_{n-1}(x)=xP'_n(x)-nP_n(x), \tag{4.8}$$

$$(2n+1)xP_n(x)-nP_{n-1}(x)=(n+1)P_{n+1}(x), \tag{4.9}$$

$$nP_{n-1}(x)+xP'_{n-1}(x)=P'_n(x), \tag{4.10}$$

$$n=1,2,3,\cdots.$$

在计算含勒让德多项式的积分时,这三个递推式经常被用到.

§5　勒让德多项式的正交性

在应用勒让德多项式来求解数学物理方程的定解问题时,需要将给定在区间$(-1,1)$内的函数按勒让德多项式展开为无穷级数.那么,首先要证明所有不同阶数的勒让德多项式构成一个正交函数系,然后再考虑如何把定义在$(-1,1)$内的函数展成勒让德多项式的无穷级数.

定理 5.1　勒让德多项式序列 $P_0(x),P_1(x),\cdots,P_n(x),\cdots$ 在区间$[-1,1]$上满足下列积分等式

$$\int_{-1}^{1}P_m(x)P_n(x)\,\mathrm{d}x=\begin{cases}0, & m\neq n,\\ \dfrac{2}{2n+1}, & m=n.\end{cases} \tag{5.1}$$

证明　(1) 先证明

$$\int_{-1}^{1} P_m(x) P_n(x) \mathrm{d}x = 0, \quad m \neq n.$$

由于 $P_m(x)$，$P_n(x)$ 分别满足方程

$$\frac{\mathrm{d}}{\mathrm{d}x}[(1-x^2)P'_m]+m(m+1)P_m=0, \tag{5.2}$$

$$\frac{\mathrm{d}}{\mathrm{d}x}[(1-x^2)P'_n]+n(n+1)P_n=0, \tag{5.3}$$

用 $P_n(x)$ 乘(5.2)，$P_m(x)$ 乘(5.3)，然后相减，并在(−1,1)上积分，可得

$$\begin{aligned}
&[m(m+1)-n(n+1)]\int_{-1}^{1} P_m P_n \mathrm{d}x \\
&=\int_{-1}^{1}\left\{P_m \frac{\mathrm{d}}{\mathrm{d}x}[(1-x^2)P'_n]-P_n \frac{\mathrm{d}}{\mathrm{d}x}[(1-x^2)P'_m]\right\}\mathrm{d}x \\
&=[(1-x^2)(P_m P'_n-P_n P'_m)]\Big|_{-1}^{1} \\
&=0,
\end{aligned}$$

由于 $m \neq n$，故

$$\int_{-1}^{1} P_m P_n \mathrm{d}x = 0.$$

我们称上式为勒让德多项式的**正交性**.

（2）现在证明

$$\int_{-1}^{1} P_m(x) P_n(x) \mathrm{d}x = \frac{2}{2n+1}, \quad m = n,$$

即

$$\int_{-1}^{1} P_n^2(x) \mathrm{d}x = \frac{2}{2n+1}. \tag{5.4}$$

用数学归纳法证明：当 $n=0$ 时，(5.4)显然成立；当 $n=1$ 时，则

$$\int_{-1}^{1} P_1^2 \mathrm{d}x = \int_{-1}^{1} x^2 \mathrm{d}x = \frac{2}{3} = \frac{2}{2\cdot 1+1},$$

即(5.4)也成立.

假设 $n=k$ 时，(5.4)成立.由递推公式(4.5)及勒让德多项式的正交性可得

$$\begin{aligned}
(k+1)\int_{-1}^{1} P_{k+1}^2 \mathrm{d}x &= (2k+1)\int_{-1}^{1} xP_k P_{k+1} \mathrm{d}x - k\int_{-1}^{1} P_{k-1}P_{k+1}\mathrm{d}x \\
&= (2k+1)\int_{-1}^{1} xP_k P_{k+1}\mathrm{d}x.
\end{aligned}$$

再在(4.5)中令 $n=k+1$，得

$$xP_{k+1}=\frac{k+2}{2k+3}P_{k+2}+\frac{k+1}{2k+3}P_k,$$

代入上式，可得

$$(k+1)\int_{-1}^{1}P_{k+1}^{2}\mathrm{d}x=\frac{(2k+1)(k+2)}{2k+3}\int_{-1}^{1}P_{k}P_{k+2}\mathrm{d}x+\frac{(2k+1)(k+1)}{2k+3}\int_{-1}^{1}P_{k}^{2}\mathrm{d}x$$

$$=\frac{(2k+1)(k+1)}{2k+3}\cdot\frac{2}{2k+1}$$

$$=\frac{2(k+1)}{2(k+1)+1},$$

故

$$\int_{-1}^{1}P_{k+1}^{2}(x)\mathrm{d}x=\frac{2}{2(k+1)+1},$$

即(5.4)当 $n=k+1$ 时也成立.因此定理 5.1 得证. □

在定理 5.1 中，$\sqrt{\frac{2}{2n+1}}$ 通常被称作 n 阶勒让德多项式的**模数**.由于

$$\int_{-1}^{1}\left[\sqrt{\frac{2n+1}{2}}P_{n}(x)\right]^{2}\mathrm{d}x=1,$$

故又称 $\sqrt{\frac{2n+1}{2}}$ 为 $P_n(x)$ 的**归一因子**.勒让德多项式乘上归一因子之后，就可得到一个在区间[-1,1]上的**标准正交函数系**.

§6　勒让德多项式的应用

在上一节里，我们得到了(5.1)，这样就可以把函数展成勒让德多项式来考虑相关问题.设函数 $f(x)$ 满足一定的条件，则 $f(x)$ 可以表示为

$$f(x)=\sum_{n=0}^{\infty}C_{n}P_{n}(x),\quad -1<x<1, \tag{6.1}$$

其中 C_n 为待定常数.为了求出 C_n，只需在(6.1)两端同乘 $P_k(x)$ 并在区间(-1,1)上积分，可得

$$\int_{-1}^{1}f(x)P_{k}(x)\mathrm{d}x=\sum_{n=0}^{\infty}C_{n}\int_{-1}^{1}P_{k}(x)P_{n}(x)\mathrm{d}x=C_{k}\frac{2}{2k+1},$$

因此

$$C_n=\frac{2n+1}{2}\int_{-1}^{1}f(x)P_n(x)\mathrm{d}x,\quad n=0,1,2,\cdots. \tag{6.2}$$

把 C_n 代入(6.1)中，就得到函数 $f(x)$ 的关于勒让德多项式的展开式.

若在(6.1)和(6.2)中令 $x=\cos\theta$，则这两个式子可写成

$$f(\cos\theta)=\sum_{n=0}^{\infty}C_nP_n(\cos\theta),\quad 0<\theta<\pi,$$

$$C_n=\frac{2n+1}{2}\int_0^{\pi}f(\cos\theta)P_n(\cos\theta)\sin\theta\mathrm{d}\theta.$$

例 6.1 将函数 $f(x)=5x^3+3x^2+x+1$ 展开成勒让德多项式的级数.

解 首先证明当 $0\leqslant k<n$ 时，

$$\int_{-1}^{1}x^kP_n(x)\mathrm{d}x=0. \tag{6.3}$$

事实上利用(3.3)式和分部积分公式，

$$\begin{aligned}\int_{-1}^{1}x^kP_n(x)\mathrm{d}x&=\int_{-1}^{1}x^k\frac{1}{2^nn!}\frac{\mathrm{d}^n}{\mathrm{d}x^n}(x^2-1)^n\mathrm{d}x\\&=\frac{x^k}{2^nn!}\cdot\frac{\mathrm{d}^{n-1}}{\mathrm{d}x^{n-1}}(x^2-1)^n\Big|_{-1}^{1}-\\&\quad\frac{k}{2^nn!}\int_{-1}^{1}x^{k-1}\frac{\mathrm{d}^{n-1}}{\mathrm{d}x^{n-1}}(x^2-1)^n\mathrm{d}x.\end{aligned}$$

由于 $x=\pm1$ 是多项式 $(x^2-1)^n$ 的 n 重零点，故也是 $\frac{\mathrm{d}^{n-k}}{\mathrm{d}x^{n-k}}(x^2-1)^n(k<n)$ 的零点.因此有

$$\int_{-1}^{1}x^kP_n(x)\mathrm{d}x=-\frac{k}{2^nn!}\int_{-1}^{1}x^{k-1}\frac{\mathrm{d}^{n-1}}{\mathrm{d}x^{n-1}}(x^2-1)^n\mathrm{d}x.$$

经过 k 次分部积分后可得

$$\begin{aligned}\int_{-1}^{1}x^kP_n(x)\mathrm{d}x&=(-1)^k\frac{k!}{2^nn!}\int_{-1}^{1}\frac{\mathrm{d}^{n-k}}{\mathrm{d}x^{n-k}}(x^2-1)^n\mathrm{d}x\\&=(-1)^k\frac{k!}{2^nn!}\frac{\mathrm{d}^{n-k-1}}{\mathrm{d}x^{n-k-1}}(x^2-1)^n\Big|_{-1}^{1}=0.\end{aligned}$$

因此由(6.3)，当 $n>3$ 时，有

$$C_n=\frac{2n+1}{2}\int_{-1}^{1}(5x^3+3x^2+x+1)P_n(x)\mathrm{d}x=0.$$

另外

$$C_0=\frac{1}{2}\int_{-1}^{1}(5x^3+3x^2+x+1)P_0(x)\mathrm{d}x=2,$$

$$C_1=\frac{3}{2}\int_{-1}^{1}(5x^3+3x^2+x+1)P_1(x)\mathrm{d}x=4,$$

$$\begin{aligned}C_2&=\frac{5}{2}\int_{-1}^{1}(5x^3+3x^2+x+1)P_2(x)\mathrm{d}x\\&=\frac{5}{2}\int_{-1}^{1}(5x^3+3x^2+x+1)\cdot\frac{1}{2}(3x^2-1)\mathrm{d}x=2,\end{aligned}$$

$$\begin{aligned}C_3&=\frac{7}{2}\int_{-1}^{1}(5x^3+3x^2+x+1)P_3(x)\mathrm{d}x\\&=\frac{7}{2}\int_{-1}^{1}(5x^3+3x^2+x+1)\cdot\frac{1}{2}(5x^3-3x)\mathrm{d}x=2.\end{aligned}$$

所以

$$\begin{aligned}f(x)&=5x^3+3x^2+x+1\\&=2P_0(x)+4P_1(x)+2P_2(x)+2P_3(x)\end{aligned}$$

即为所求的勒让德多项式的级数.

例 6.2　将 $f(x)=|x|$ 在区间 $(-1,1)$ 内展成勒让德多项式的级数.

解　因 $f(x)=|x|$ 在 $(-1,1)$ 内是偶函数，而 $P_{2n+1}(x)$ 是 x 的奇函数，故 $C_{2n+1}=0(n=0,1,2,\cdots)$.下面来计算 $C_{2n}(n=0,1,2,\cdots)$，由于 $P_{2n}(x)$ 是偶函数，于是

$$C_0=\frac{1}{2}\int_{-1}^{1}f(x)\mathrm{d}x=\int_0^1 x\mathrm{d}x=\frac{1}{2},$$

$$\begin{aligned}C_{2n}&=\frac{4n+1}{2}\int_{-1}^{1}f(x)P_{2n}\mathrm{d}x=(4n+1)\int_0^1 xP_{2n}(x)\mathrm{d}x\\&=(4n+1)\int_0^1 x\frac{1}{2^{2n}(2n)!}\frac{\mathrm{d}^{2n}}{\mathrm{d}x^{2n}}(x^2-1)^{2n}\mathrm{d}x\\&=\frac{4n+1}{2^{2n}(2n)!}\left[x\frac{\mathrm{d}^{2n-1}}{\mathrm{d}x^{2n-1}}(x^2-1)^{2n}\Big|_0^1-\int_0^1\frac{\mathrm{d}^{2n-1}}{\mathrm{d}x^{2n-1}}(x^2-1)^{2n}\mathrm{d}x\right]\\&=\frac{4n+1}{2^{2n}(2n)!}\left[-\frac{\mathrm{d}^{2n-2}}{\mathrm{d}x^{2n-2}}(x^2-1)^{2n}\Big|_0^1\right]\\&=\frac{4n+1}{2^{2n}(2n)!}\frac{\mathrm{d}^{2n-2}}{\mathrm{d}x^{2n-2}}(x^2-1)^{2n}\Big|_{x=0}\\&=\frac{4n+1}{2^{2n}(2n)!}\frac{\mathrm{d}^{2n-2}}{\mathrm{d}x^{2n-2}}\left[\sum_{k=0}^{2n}\mathrm{C}_{2n}^{k}x^{2k}(-1)^{2n-k}\right]\Bigg|_{x=0}\\&=(-1)^{n+1}\frac{4n+1}{2^{2n}(2n)!}\mathrm{C}_{2n}^{n-1}(2n-2)!\end{aligned}$$

$$= (-1)^{n+1} \frac{(4n+1)(2n-2)!}{2^{2n}(n-1)!\,(n+1)!},$$

故

$$|x| = \frac{1}{2} + \sum_{n=1}^{\infty} \frac{(-1)^{n+1}(4n+1)(2n-2)!}{2^{2n}(n-1)!\,(n+1)!} P_{2n}(x), \quad -1 < x < 1.$$

注 这里由于$f(x)=|x|$不满足附录 I 中所述的关于按固有函数展开的条件,因此所得到的展开式是否绝对且一致收敛于$f(x)$并不能根据附录 I 的叙述进行判断得出,需要另行讨论,在没有做这种讨论之前,我们称所进行的展开都是形式上的.

下面用一个例子来演示勒让德多项式在用分离变量法求定解问题中的应用.

例 6.3 单位球内的电势分布.假设球面上的电势为$u|_{r=1}=\cos^2\theta$.

此问题可归结为:在半径为 1 的球内求调和函数 u,使得它在球面上满足

$$u|_{r=1}=\cos^2\theta,$$

即求解下列定解问题

$$\begin{cases} \Delta u=0, \quad (x,y,z)\in B_1(0), \\ u|_{x^2+y^2+z^2=1}=z^2, \end{cases}$$

其中 $B_1(0)$表示以 $O(0,0,0)$为球心,1 为半径的球.

解 由于方程的自由项及定解条件中的已知函数均与变量 φ 无关,故可以推知:所求的调和函数只与 r,θ 两个变量有关,而与变量 φ 无关.因此所提的问题又可归结为下列定解问题

$$\begin{cases} \dfrac{1}{r^2}\dfrac{\partial}{\partial r}\left(r^2\dfrac{\partial u}{\partial r}\right)+\dfrac{1}{r^2\sin\theta}\dfrac{\partial}{\partial\theta}\left(\sin\theta\dfrac{\partial u}{\partial\theta}\right)=0, \quad 0<r<1, \\ u|_{r=1}=\cos^2\theta. \end{cases} \tag{6.4}$$

用分离变量法求解.令 $u(r,\theta)=R(r)\Theta(\theta)$,代入方程可得

$$(r^2R''+2rR')\Theta+(\Theta''+\cot\theta\Theta')R=0,$$

即

$$\frac{r^2R''+2rR'}{R}=-\frac{\Theta''+\cot\theta\Theta'}{\Theta}=\lambda,$$

从而可得

$$r^2R''+2rR'-\lambda R=0, \tag{6.5}$$

$$\Theta''(\theta)+\cot\theta\Theta'(\theta)+\lambda\Theta(\theta)=0. \tag{6.6}$$

将常数 λ 写成 $\lambda=n(n+1)$,则方程(6.6)变成

$$\frac{d^2\Theta}{d\theta^2}+\cot\theta\frac{d\Theta}{d\theta}+n(n+1)\Theta=0,$$

所以它就是勒让德方程.由问题的物理意义,函数 $u(r,\theta)$ 应是有界的,从而$\Theta(\theta)$ 也应是有界的.由本章 §3 的结论可知,只有当 n 为整数时,方程(6.6)在区间 $[0,\pi]$ 内才有有界解 $\Theta_n(\theta)=P_n(\cos\theta)$①,而方程(6.5)的通解为

$$R_n=C_nr^n+C'_nr^{-(n+1)}.$$

要使 u 有界,必须 R_n 也有界,故 $C'_n=0$,即

$$R_n=C_nr^n.$$

由叠加原理得到原问题的解为

$$u(r,\theta)=\sum_{n=0}^{\infty}C_nr^nP_n(\cos\theta),\tag{6.7}$$

由(6.4)中的边值条件可得

$$\cos^2\theta=\sum_{n=0}^{\infty}C_nP_n(\cos\theta),\tag{6.8}$$

若在(6.8)中以 x 代替 $\cos\theta$,则得

$$x^2=\sum_{n=0}^{\infty}C_nP_n(x),$$

由于

$$x^2\equiv\frac{1}{3}P_0(x)+\frac{2}{3}P_2(x),$$

比较这两式的右端项系数可得

$$C_0=\frac{1}{3},\quad C_2=\frac{2}{3},\quad C_n=0\quad(n\neq 0,2),$$

因此所求定解问题的解为

$$u(r,\theta)=\frac{1}{3}+\frac{2}{3}P_2(\cos\theta)r^2=\frac{1}{3}+\left(\cos^2\theta-\frac{1}{3}\right)r^2.$$

(6.8)中的系数当然也可以用公式(6.1)来计算,读者可按此公式重新计算一遍.

注 关于连带勒让德方程,由于受篇幅的影响不再赘述,有兴趣的读者可参阅与特殊函数有关的书籍.

---

① $P_n(\cos\theta)(n=0,1,2,\cdots)$就是方程(5.4)在自然边界条件 $|\Theta(0)|<+\infty$, $|\Theta(\pi)|<+\infty$ 下的特征函数系,或者说 $P_n(x)(n=0,1,2,\cdots)$就是(2.1)在自然边界条件 $|y(\pm1)|<+\infty$ 下的特征函数系.因为$k(x)=1-x^2$ 在 $x=\pm z$ 处为零,所以在这两点应加自然边界条件.

习 题 五

1. 证明：

$$P_n(1)=1,\quad P_n(-1)=(-1)^n,\quad P_{2n-1}(0)=0,\quad P_{2n}(0)=\frac{(-1)^n(2n)!}{2^{2n}(n!)^2}.$$

2. 证明：勒让德多项式的表达式可写为

$$P_n(x)=\frac{1}{2^n n!}\frac{\mathrm{d}^n}{\mathrm{d}x^n}(x^2-1)^n,$$

并证明此多项式还满足勒让德方程.

3. 证明：

$$\int_{-1}^{1} P_n(x)\,\mathrm{d}x = 0,\quad n = 1,2,3,\cdots.$$

4. 证明：

$$\sum_{k=0}^{n}(2k+1)P_k(x) = P'_n(x) + P'_{n+1}(x),\quad n = 0,1,2,\cdots.$$

5. 证明：

(1) $x^2=\frac{1}{3}P_0(x)+\frac{2}{3}P_2(x)$.

(2) $x^3=\frac{3}{5}P_1(x)+\frac{2}{5}P_3(x)$.

6. 在半径为 1 的球内求调和函数，使得

$$u\big|_{r=1}=3\cos 2\theta+1.$$

7. 利用勒让德多项式的母函数证明递推关系式：

$$P_{n+1}(x)=\frac{2n+1}{n+1}xP_n(x)-\frac{n}{n+1}P_{n-1}(x).$$

8. 计算积分(l 为整数)：

(1) $I = \int_{-1}^{1} x^2 P_l(x) P_{l+2}(x)\,\mathrm{d}x$.

(2) $I = \int_{0}^{1} P_l(x)\,\mathrm{d}x$.

第五章自测题

第六章
贝塞尔函数

上一章我们在球坐标变换下,从拉普拉斯方程中得到了勒让德方程,这一章我们将从二维泊松方程中,在柱坐标变换下得到贝塞尔方程,由于此方程的解不能用初等函数表示出来,我们引进一类新的特殊函数——**贝塞尔(Bessel)函数**.此函数具有很多好的性质,在求解数学物理问题时主要利用其正交完备性.

§1 贝塞尔方程的导出

考虑固定边界的圆膜振动问题:设有半径为 l、边界固定的圆形薄膜,且初始横向位移和速度已知,求圆膜各点的振动规律.

此问题可归结为求解下列定解问题

$$\begin{cases}\dfrac{\partial^2 u}{\partial t^2}=a^2\left(\dfrac{\partial^2 u}{\partial x^2}+\dfrac{\partial^2 u}{\partial y^2}\right), & x^2+y^2<l^2,t>0, \quad (1.1)\\ u\big|_{x^2+y^2=l^2}=0, & t\geqslant 0, \quad (1.2)\\ u\big|_{t=0}=\varphi(x,y),\dfrac{\partial u}{\partial t}\Big|_{t=0}=\psi(x,y),x^2+y^2\leqslant l^2, & \quad (1.3)\end{cases}$$

其中 $\varphi(x,y)$,$\psi(x,y)$为已知函数.由于此定解问题与 z 坐标无关,故此问题又称为柱面问题.

对方程(1.1)进行分离变量,设

$$u(x,y,t)=T(t)U(x,y), \tag{1.4}$$

代入(1.1)(1.2)可得

$$T''+a^2\lambda^2T=0, \tag{1.5}$$

$$U_{xx}+U_{yy}+\lambda^2U=0, \tag{1.6}$$

$$U\big|_{x^2+y^2=l^2}=0, \tag{1.7}$$

其中 λ 为待定常数.

作柱坐标变换，令

$$\begin{cases} x = r\cos\theta, \\ y = r\sin\theta, \end{cases}$$

其中 $0 \leqslant r \leqslant l, 0 \leqslant \theta \leqslant 2\pi$. 把柱坐标变换代入方程(1.6)和边值条件(1.7)，可得

$$U_{rr} + \frac{1}{r}U_r + \frac{1}{r^2}U_{\theta\theta} + \lambda^2 U = 0, \tag{1.8}$$

$$U\big|_{r=l} = 0. \tag{1.9}$$

再令 $U = \Phi(\theta)R(r)$，代入问题(1.8)(1.9)可得

$$\Phi'' + \beta^2\Phi = 0, \tag{1.10}$$

$$r^2R'' + rR' + (\lambda^2r^2 - \beta^2)R = 0, \tag{1.11}$$

$$R(l) = 0. \tag{1.12}$$

由于我们讨论的问题是圆形薄膜问题，则 $\Phi(\theta)$ 应是以 2π 为周期的周期函数，故在此具体情况下，待定常数 β 必须取为整数或零（当 β 和 r 为任意复数时，同样地定义贝塞尔方程及贝塞尔函数）.

一般地，令 $\lambda r = x, R(r) = y(x)$，则方程(1.11)变为

$$x^2\frac{\mathrm{d}^2y}{\mathrm{d}x^2} + x\frac{\mathrm{d}y}{\mathrm{d}x} + (x^2 - \beta^2)y = 0, \tag{1.13}$$

而边界条件(1.12)变为

$$y(\lambda l) = 0. \tag{1.14}$$

方程(1.11)和(1.13)皆称为 **β 阶贝塞尔方程**.

类似地，贝塞尔方程也可从电磁波的传播以及热传导等物理问题中导出.

§2 贝塞尔方程的级数解

2.1 贝塞尔方程的求解

在上节中，我们从固定边界的圆膜振动问题引出了贝塞尔方程，这一节我们将讨论这个方程的解法.

将(1.13)化为标准形式

$$\frac{\mathrm{d}^2y}{\mathrm{d}x^2} + \frac{1}{x}\frac{\mathrm{d}y}{\mathrm{d}x} + \left(1 - \frac{\beta^2}{x^2}\right)y = 0,$$

则 $x = 0$ 是方程的奇点. 下面我们来求在邻域

$$\{x \mid x \neq 0, x \in \mathbf{R}\}$$

内的两个线性无关解(见参考文献[18]).采用幂级数解法,设

$$y(x)=x^{\rho}\sum_{k=0}^{\infty}C_kx^k=\sum_{k=0}^{\infty}C_kx^{\rho+k},\quad C_0\neq 0,\tag{2.1}$$

则

$$\frac{\mathrm{d}y}{\mathrm{d}x}=\sum_{k=0}^{\infty}C_k(\rho+k)x^{\rho+k-1},$$

$$\frac{\mathrm{d}^2y}{\mathrm{d}x^2}=\sum_{k=0}^{\infty}C_k(\rho+k)(\rho+k-1)x^{\rho+k-2},$$

代入贝塞尔方程(1.13),可得

$$(\rho^2-\beta^2)C_0x^{\rho}+[(\rho+1)^2-\beta^2]C_1x^{\rho+1}+$$

$$\sum_{k=2}^{\infty}\{[(\rho+k)^2-\beta^2]C_k+C_{k-2}\}x^{\rho+k}=0,$$

比较 x 各次幂的系数有

$$(\rho^2-\beta^2)C_0=0,\tag{2.2}$$

$$[(\rho+1)^2-\beta^2]C_1=0,\tag{2.3}$$

$$[(\rho+k)^2-\beta^2]C_k+C_{k-2}=0,\quad k=2,3,4,\cdots,\tag{2.4}$$

因为 $C_0\neq 0$,由(2.2)可得 $\rho=\pm\beta$.以下分两种情形来讨论.

(1) 设 β 不等于整数.先令 $\rho=\beta$ 且 $\rho\neq-\frac{1}{2}$,由(2.3)(2.4)可得

$$C_1=0,$$

$$C_k=\frac{-C_{k-2}}{k(2\beta+k)},\tag{2.5}$$

因为 $C_1=0$,则由(2.5)可知

$$0=C_1=C_3=C_5=\cdots=C_{2m-1}=\cdots,\quad m=1,2,\cdots,$$

而 $C_2,C_4,C_6,\cdots,C_{2m},\cdots$都可以用 C_0 表示,即

$$C_2=\frac{-C_0}{2(2\beta+2)},$$

$$C_4=\frac{C_0}{2\cdot 4(2\beta+2)(2\beta+4)},$$

$$C_6=\frac{-C_0}{2\cdot 4\cdot 6(2\beta+2)(2\beta+4)(2\beta+6)},$$

…………

$$C_{2m}=(-1)^m\frac{C_0}{2\cdot 4\cdot 6\cdot\cdots\cdot 2m\cdot(2\beta+2)\cdot(2\beta+4)\cdot\cdots\cdot(2\beta+2m)}$$

$$=\frac{(-1)^m C_0}{2^{2m}m!(\beta+1)(\beta+2)\cdots(\beta+m)}.$$

由此可知级数(2.1)的一般项为

$$(-1)^m\frac{C_0\cdot x^{\beta+2m}}{2^{2m}m!(\beta+1)(\beta+2)\cdots(\beta+m)},$$

其中 C_0 是一个任意常数,若 C_0 取一个确定的值,就可得(1.13)的一个特解.为了使通项系数中 2 的幂次数与 x 的幂次数相同,我们可选取 C_0 为

$$C_0=\frac{1}{2^{\beta}\Gamma(\beta+1)},$$

其中 $\Gamma(\beta+1)$ 表示 Γ 函数(可参阅附录Ⅱ),再由下列恒等式

$$(\beta+m)(\beta+m-1)\cdots(\beta+2)(\beta+1)\Gamma(\beta+1)=\Gamma(\beta+m+1),$$

就可简化分母,从而使(2.1)中的通项的系数变为下面较简单的形式

$$C_{2m}=(-1)^m\frac{1}{2^{\beta+2m}m!\,\Gamma(\beta+m+1)}. \tag{2.6}$$

把(2.6)代入(2.1)可得(1.13)的一个特解,记为

$$J_{\beta}(x)=\left(\frac{x}{2}\right)^{\beta}\sum_{k=0}^{\infty}\frac{(-1)^k}{k!\,\Gamma(\beta+k+1)}\left(\frac{x}{2}\right)^{2k}, \tag{2.7}$$

由级数判别法,此级数在整个数轴上收敛,并称之为 **β 阶第一类贝塞尔函数**.

当 $\rho=-\beta\neq-\frac{1}{2}$ 时,用同样的方法,可以得到(2.7)的特解.至此,我们求出了贝塞尔方程的一个特解 $J_{\beta}(x)$.当 $\rho=-\frac{1}{2}$ 时,C_0,C_1 都不为 0,用同样的方法可得方程(1.13)的通解为

$$y=AJ_{-\frac{1}{2}}(x)+BJ_{\frac{1}{2}}(x),$$

其中 A,B 为两个任意常数.

(2) 当 β 为正整数或零(以下记 $\beta=n$),类似于前面的做法,得方程(1.13)的一特解为

$$J_n(x)=\left(\frac{x}{2}\right)^{n}\sum_{k=0}^{\infty}\frac{(-1)^k}{k!\,\Gamma(n+k+1)}\left(\frac{x}{2}\right)^{2k}. \tag{2.8}$$

取 $\rho=-n$ 时,同理可得(1.13)的另一特解

$$J_{-n}(x)=\left(\frac{x}{2}\right)^{-n}\sum_{k=0}^{\infty}\frac{(-1)^k}{k!\,\Gamma(-n+k+1)}\left(\frac{x}{2}\right)^{2k}. \tag{2.9}$$

比较(2.8)与(2.9)可见,只要把(2.7)中的 β 换成 n 和 $-n$,即可得(2.8)和

(2.9).因此不论β为正数还是为负数,总可以用(2.7)统一地表达第一类贝塞尔函数.

当β不为整数时,这两个特解$J_\beta(x)$与$J_{-\beta}(x)$是线性无关的.由齐次线性常微分方程通解的结构定理知道,(1.13)的通解为

$$y=AJ_\beta(x)+BJ_{-\beta}(x), \tag{2.10}$$

其中A,B为两个任意常数.

当然,在β不为整数的情况,方程(1.13)的通解除了可以写成(2.10)以外还可写成其他的形式,只要能够找到该方程另一个与$J_\beta(x)$线性无关的特解,它与$J_\beta(x)$就可构成(1.13)的通解,这样的特解是容易找到的.例如在(2.10)中,取$A=\cot\beta\pi$,$B=-\csc\beta\pi$,则得到(1.13)的一个特解

$$\begin{aligned}Y_\beta(x)&=\cot\beta\pi J_\beta(x)-\csc\beta\pi J_{-\beta}(x)\\&=\frac{J_\beta(x)\cos\beta\pi-J_{-\beta}(x)}{\sin\beta\pi},\quad \beta\neq\text{整数}.\end{aligned}\tag{2.11}$$

显然,$Y_\beta(x)$与$J_\beta(x)$是线性无关的.因此(1.13)的通解可写成

$$y=AJ_\beta(x)+BY_\beta(x). \tag{2.12}$$

称(2.11)所确定的函数$Y_\beta(x)$为**第二类贝塞尔函数**,或称**诺伊曼函数**.

整数阶贝塞尔函数比较重要,特别是函数$J_0(x)$与$J_1(x)$在应用中经常用到,所以关于它们已制有详细的函数值表,并绘出它们的图形(图6.1).因此,下节我们将专门讨论整数阶贝塞尔方程的通解.

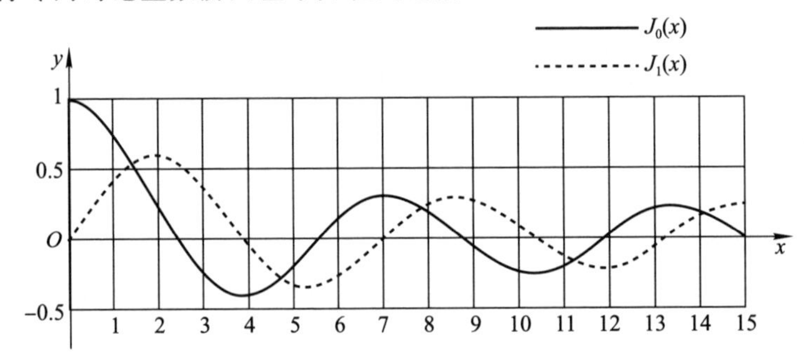

图 6.1

2.2 贝塞尔方程的通解

由2.1节中的叙述知道,当β不为整数时,贝塞尔方程(1.13)的通解由(2.10)或(2.12)确定,而当β为整数时,(1.13)的通解是否仍具有(2.10)或(2.12)的形式呢?回答是否定的.

可以证明当β为整数时,$J_n(x)$与$J_{-n}(x)$是线性相关的.事实上,我们不妨设β为正整数N(当β为负整数时,会得到同样的结果),则在(2.9)中(证明参见附录Ⅱ)

$$\frac{1}{\Gamma(-N+m+1)}=0,\quad m=0,1,2,\cdots,N-1.$$

只有从$m=N$起才开始出现非零项,于是(2.9)可以写成

$$\begin{aligned}J_{-N}(x)&=\sum_{m=N}^{\infty}(-1)^m\frac{x^{-N+2m}}{2^{-N+2m}m!\ \Gamma(-N+m+1)}\\&=(-1)^N\left[\frac{x^N}{2^N N!}-\frac{x^{N+2}}{2^{N+2}(N+1)!}+\frac{x^{N+4}}{2^{N+4}(N+2)!2!}+\cdots\right]\\&=(-1)^N J_N(x),\end{aligned}$$

即$J_N(x)$与$J_{-N}(x)$线性相关.此时,$J_N(x)$与J_{-N}已不能构成贝塞尔方程的通解了.要想求出整数阶的贝塞尔方程的通解,必须再找到一个与$J_N(x)$线性无关的特解.

由2.1节的做法,我们自然地想到了第二类贝塞尔函数.但是当β为整数时,(2.11)的右端没有意义.因此,为了借助第二类贝塞尔函数写出整数阶的贝塞尔方程形如(2.12)的通解,必须先修改第二类贝塞尔函数的定义.

我们可作如下定义

$$Y_\beta(x)=\lim_{\alpha\to\beta}\frac{J_\alpha(x)\cos\alpha\pi-J_{-\alpha}(x)}{\sin\alpha\pi},\quad \beta\text{为整数},\tag{2.13}$$

由于当β为整数时,$J_{-\beta}(x)=(-1)^\beta J_\beta(x)=\cos\beta\pi J_\beta(x)$,所以通过(2.13)可导出(见参考文献[13])

$$Y_0(x)=\frac{2}{\pi}J_0(x)\left(\ln\frac{x}{2}+C\right)-\frac{2}{\pi}\sum_{m=0}^{\infty}\frac{(-1)^m\left(\frac{x}{2}\right)^{2m}}{(m!)^2}\sum_{k=0}^{m-1}\frac{1}{k+1},$$

令$\beta=n$,

$$\begin{aligned}Y_n(x)=&\frac{2}{\pi}J_n(x)\left(\ln\frac{x}{2}+C\right)-\frac{1}{\pi}\sum_{m=0}^{n-1}\frac{(n-m-1)!}{m!}\left(\frac{x}{2}\right)^{-n+2m}-\\&\frac{1}{\pi}\sum_{m=0}^{\infty}\frac{(-1)^m\left(\frac{x}{2}\right)^{n+2m}}{m!\ (n+m)!}\left(\sum_{k=0}^{n+m-1}\frac{1}{k+1}+\sum_{k=0}^{m-1}\frac{1}{k+1}\right),\\&n=1,2,3,\cdots,\end{aligned}\tag{2.14}$$

其中$C=\lim\limits_{n\to\infty}\left(1+\frac{1}{2}+\frac{1}{3}+\cdots+\frac{1}{n}-\ln n\right)=0.577\,2\cdots$,称为欧拉常数.

这样定义的函数确实是贝塞尔方程的一个特解,而且与$J_n(x)$是线性无关的(因为当$x=0$时,$J_n(x)$为有限值,而$Y_n(x)$为无穷大).

综上所述,对于任意的实数β,贝塞尔方程(1.13)的通解都可表示为

$$y=AJ_\beta(x)+BY_\beta(x),$$

其中 A,B 为任意常数.

§3 贝塞尔函数的母函数及递推公式

3.1 贝塞尔函数的母函数

把 $e^{\frac{1}{2}xz}$ 和 $e^{-\frac{x}{2z}}$ 分别用洛朗(Laurent)级数展开成绝对收敛级数,即

$$e^{\frac{1}{2}xz}=\sum_{n=0}^{\infty}\frac{\left(\frac{x}{2}\right)^n}{n!}z^n,\quad e^{-\frac{x}{2z}}=\sum_{l=0}^{\infty}\frac{\left(\frac{x}{2}\right)^l}{l!}(-z)^{-l},$$

故

$$\begin{aligned}e^{\frac{x}{2}\left(z-\frac{1}{z}\right)}&=\sum_{n=0}^{\infty}\frac{\left(\frac{x}{2}\right)^n}{n!}z^n\sum_{l=0}^{\infty}\frac{\left(\frac{x}{2}\right)^l}{l!}(-z)^{-l}\\&=\sum_{n=0}^{\infty}\sum_{l=0}^{\infty}\frac{(-1)^l}{n!\ l!}\left(\frac{x}{2}\right)^{n+l}z^{n-l}\\&\xlongequal{\text{令 } n-l=k}\sum_{k=-\infty}^{\infty}\left[\sum_{l=0}^{\infty}\frac{(-1)^l}{(k+l)!\ l!}\left(\frac{x}{2}\right)^{2l+k}\right]z^k\\&=\sum_{k=-\infty}^{\infty}J_k(x)z^k,\end{aligned}$$

因此,称 $e^{\frac{1}{2}x\left(z-\frac{1}{z}\right)}$ 为整数阶贝塞尔函数的**母函数**.

3.2 贝塞尔函数的递推公式

不同阶的贝塞尔函数之间具有某种联系,这种联系可以由递推公式反映出来.先考虑零阶与一阶贝塞尔函数之间的关系.

在(2.8)中令 $n=0$ 及 $n=1$,可得

$$J_0(x)=1-\frac{x^2}{2^2}+\frac{x^4}{2^4(2!)^2}-\frac{x^6}{2^6(3!)^2}+\cdots+(-1)^k\frac{x^{2k}}{2^{2k}(k!)^2}+\cdots,$$

$$J_1(x)=\frac{x}{2}-\frac{x^3}{2^3\cdot 2!}+\frac{x^5}{2^5\cdot 2!3!}+\cdots+(-1)^k\frac{x^{2k+1}}{2^{2k+1}k!(k+1)!}+\cdots,$$

对 $J_0(x)$ 展开项的第 $k+2$ 项求导,可得

$$\frac{d}{dx}\left\{(-1)^{k+1}\frac{x^{2k+2}}{2^{2k+2}[(k+1)!]^2}\right\}=-(-1)^k\frac{(2k+2)x^{2k+1}}{2^{2k+2}[(k+1)!]^2}$$

$$=-(-1)^k\frac{x^{2k+1}}{2^{2k+1}k!(k+1)!},$$

上式恰好是 $J_1(x)$ 展开项中含 x^{2k+1} 这一项的负值，且 $J_0(x)$ 的第一项导数为零，故得关系式

$$\frac{\mathrm{d}}{\mathrm{d}x}J_0(x)=-J_1(x). \tag{3.1}$$

若将 $J_1(x)$ 乘 x 并求导数，可得

$$\begin{aligned}\frac{\mathrm{d}}{\mathrm{d}x}[xJ_1(x)]&=\frac{\mathrm{d}}{\mathrm{d}x}\left[\frac{x^2}{2}-\frac{x^4}{2^3\cdot 2!}+\cdots+(-1)^k\frac{x^{2k+2}}{2^{2k+1}k!(k+1)!}+\cdots\right]\\&=x-\frac{x^3}{2^2}+\cdots+(-1)^k\frac{x^{2k+1}}{2^{2k}(k!)^2}+\cdots\\&=x\left[1-\frac{x^2}{2^2}+\cdots+(-1)^k\frac{x^{2k}}{2^{2k}(k!)^2}+\cdots\right],\end{aligned}$$

即

$$\frac{\mathrm{d}}{\mathrm{d}x}[xJ_1(x)]=xJ_0(x). \tag{3.2}$$

由数学归纳法，可得下列递推公式

$$\frac{\mathrm{d}}{\mathrm{d}x}[x^nJ_n(x)]=x^nJ_{n-1}(x), \tag{3.3}$$

同理可得

$$\frac{\mathrm{d}}{\mathrm{d}x}[x^{-n}J_n(x)]=-x^{-n}J_{n+1}(x). \tag{3.4}$$

(3.3)和(3.4)还可写成另一种形式.(3.3)和(3.4)两边除以 x，即得

$$\frac{\mathrm{d}}{x\mathrm{d}x}[x^nJ_n(x)]=x^{n-1}J_{n-1}(x),$$

$$\frac{\mathrm{d}}{x\mathrm{d}x}[x^{-n}J_n(x)]=-x^{-(n+1)}J_{n+1}(x).$$

把 $\frac{\mathrm{d}}{x\mathrm{d}x}$ 看成一个整体运算符号或算子，并把这个算子对上面两式再作用一次，得到

$$\left(\frac{\mathrm{d}}{x\mathrm{d}x}\right)^2[x^nJ_n(x)]=x^{n-2}J_{n-2}(x),$$

$$\left(\frac{\mathrm{d}}{x\mathrm{d}x}\right)^2[x^{-n}J_n(x)]=x^{-(n+2)}J_{n+2}(x).$$

需要注意的是，在这里

$$\left(\frac{\mathrm{d}}{x\mathrm{d}x}\right)^2=\left(\frac{\mathrm{d}}{x\mathrm{d}x}\right)\left(\frac{\mathrm{d}}{x\mathrm{d}x}\right)\neq\frac{\mathrm{d}^2}{x^2\mathrm{d}x^2}.$$

一般地,有

$$\left(\frac{\mathrm{d}}{x\mathrm{d}x}\right)^k[x^nJ_n(x)]=x^{n-k}J_{n-k}(x)$$

和

$$\left(\frac{\mathrm{d}}{x\mathrm{d}x}\right)^k[x^{-n}J_n(x)]=(-1)^kx^{-(n+k)}J_{n+k}(x).$$

如果将(3.3)和(3.4)中的导数分别求出,能得到

$$xJ_n'(x)+nJ_n(x)=xJ_{n-1}(x) \tag{3.5}$$

和

$$xJ_n'(x)-nJ_n(x)=-xJ_{n+1}(x). \tag{3.6}$$

把这两式相加减,分别可得

$$J_{n-1}(x)+J_{n+1}(x)=\frac{2}{x}nJ_n(x), \tag{3.7}$$

$$J_{n-1}(x)-J_{n+1}(x)=2J_n'(x). \tag{3.8}$$

(3.5)—(3.8)便是贝塞尔函数的**递推公式**.它们在有关贝塞尔函数的分析运算中很有用.特别地,由(3.7),可以用较低阶的贝塞尔函数把较高阶的贝塞尔函数表示出来.因而,我们根据零阶和一阶贝塞尔函数值和(3.7),可以计算任意正整数阶的贝塞尔函数.

类似地,第二类贝塞尔函数也具有相同的递推公式如下:

$$\frac{\mathrm{d}}{\mathrm{d}x}[x^nY_n(x)]=x^nY_{n-1}(x),$$

$$\frac{\mathrm{d}}{\mathrm{d}x}[x^{-n}Y_n(x)]=-x^{-n}Y_{n+1}(x),$$

$$\left(\frac{\mathrm{d}}{x\mathrm{d}x}\right)^k[x^nY_n(x)]=x^{n-k}Y_{n-k}(x),$$

$$\left(\frac{\mathrm{d}}{x\mathrm{d}x}\right)^k[x^{-n}Y_n(x)]=(-1)^kx^{-(n+k)}Y_{n+k}(x),$$

$$Y_{n-1}(x)+Y_{n+1}(x)=\frac{2}{x}nY_n(x),$$

$$Y_{n-1}(x)-Y_{n+1}(x)=2Y_n'(x).$$

现在我们再考虑一个特殊阶的贝塞尔函数的递推公式,即 $J_{n+\frac{1}{2}}(x)$,n 为整数,并称为**半奇数阶贝塞尔函数**.先考虑 $J_{\frac{1}{2}}(x)$ 和 $J_{-\frac{1}{2}}(x)$,由(2.7)可得

$$J_{\frac{1}{2}}(x)=\sum_{k=0}^{\infty}\frac{(-1)^k}{k!\ \Gamma\left(\frac{3}{2}+k\right)}\left(\frac{x}{2}\right)^{\frac{1}{2}+2k},$$

又

$$\Gamma\left(\frac{3}{2}+k\right)=\frac{\Gamma(2k+2)2^{-2k-1}}{\Gamma(k+1)}\Gamma\left(\frac{1}{2}\right)=\frac{\Gamma(2k+2)2^{-2k-1}}{\Gamma(k+1)}\sqrt{\pi},$$

故

$$J_{\frac{1}{2}}(x)=\sqrt{\frac{2}{\pi x}}\sum_{k=0}^{\infty}\frac{(-1)^k}{(2k+1)!}x^{2k+1}=\sqrt{\frac{2}{\pi x}}\sin x, \tag{3.9}$$

同理可得

$$J_{-\frac{1}{2}}(x)=\sqrt{\frac{2}{\pi x}}\cos x. \tag{3.10}$$

对半奇数阶贝塞尔函数来说,(3.7)(3.8)都是成立的(推导过程与整数阶情形一样).

由(3.7)可得

$$\begin{aligned}J_{\frac{3}{2}}(x)&=\frac{1}{x}J_{\frac{1}{2}}(x)-J_{-\frac{1}{2}}(x)=\sqrt{\frac{2}{\pi x}}\left(-\cos x+\frac{1}{x}\sin x\right)\\&=-\sqrt{\frac{2}{\pi}}x^{\frac{3}{2}}\cdot\frac{1}{x}\frac{\mathrm{d}}{\mathrm{d}x}\left(\frac{\sin x}{x}\right)\\&=-\sqrt{\frac{2}{\pi}}x^{\frac{3}{2}}\left(\frac{1}{x}\frac{\mathrm{d}}{\mathrm{d}x}\right)\left(\frac{\sin x}{x}\right).\end{aligned}$$

同理可得

$$J_{-\frac{3}{2}}(x)=\sqrt{\frac{2}{\pi}}x^{\frac{3}{2}}\left(\frac{1}{x}\frac{\mathrm{d}}{\mathrm{d}x}\right)\left(\frac{\cos x}{x}\right).$$

一般地,对于 $J_{n+\frac{1}{2}}(x)$ 和 $J_{-\left(n+\frac{1}{2}\right)}(x)$ 有下面递推公式成立

$$\begin{aligned}J_{n+\frac{1}{2}}(x)&=(-1)^n\sqrt{\frac{2}{\pi}}x^{n+\frac{1}{2}}\left(\frac{1}{x}\frac{\mathrm{d}}{\mathrm{d}x}\right)^n\left(\frac{\sin x}{x}\right),\\J_{-\left(n+\frac{1}{2}\right)}(x)&=\sqrt{\frac{2}{\pi}}x^{n+\frac{1}{2}}\left(\frac{1}{x}\frac{\mathrm{d}}{\mathrm{d}x}\right)^n\left(\frac{\cos x}{x}\right),\end{aligned} \tag{3.11}$$

其中微分算子$\left(\frac{1}{x}\frac{\mathrm{d}}{\mathrm{d}x}\right)^n$表示算子$\frac{1}{x}\frac{\mathrm{d}}{\mathrm{d}x}$连续作用 n 次的缩写.

由(3.11)可以看出,半奇数阶的贝塞尔函数都是初等函数.

§4　函数展成贝塞尔函数的级数

在第二章,我们曾遇到求解如下边值问题

$$\begin{cases}\dfrac{d^2X}{dx^2}+\lambda X=0,\\ X(0)=0,X(l)=0,\end{cases}$$

并把此问题的解归结为 $\sin\sqrt{\lambda}\ l$ 是否满足边界条件 $\sin\sqrt{\lambda}\ l=0$ 的问题,即正弦函数的零点是否存在的问题.进而找出了可数多个 λ 的值,使得 $\sin\sqrt{\lambda}\ l=0$,最后得出了原定解问题的傅里叶级数解.在本章开始,我们从圆膜振动的定解问题中,也引出一个常微分方程的定解问题

$$\begin{cases}x^2\dfrac{d^2y}{dx^2}+x\dfrac{dy}{dx}+(x^2-\beta^2)y=0, & (4.1)\\ y(kl)=0, & (4.2)\end{cases}$$

并且得到了方程的解为贝塞尔函数 $J_\beta(x)$.但我们并不知道 $J_\beta(x)$ 是否满足边值条件 $J_\beta(kl)=0$,所以,我们需要判断 $J_\beta(x)$ 的零点是否存在.若零点存在,其分布情形如何.确切地说,就是能否找出可数多个 k 值,使得 $J_\beta(kl)=0$.像这样的问题,在许多工程、物理问题中经常遇到.若 $J_\beta(x)$ 也存在可数多个零点,则可将贝塞尔函数作为坐标函数系来表示其他函数,从而构造出有关微分方程定解问题的解.

4.1　贝塞尔函数零点的性质

关于贝塞尔函数零点的性质,有很多定理对其进行了阐述,限于篇幅,我们这里只列出一些结论,并且这些结论仅限制在 β 取非负整数的情形,即 $\beta=n,n=0,1,2,\cdots$.

(1) $J_n(x)$ 的零点都是实数.

(2) $J_n(x)$ 的零点都是孤立的.

(3) $J_n(x)$ 的零点除 $x=0$ 都是单零点,且这些单零点在 x 轴上关于原点是对称分布的.

(4) $J_0(x)$ 在 $k\pi<x<(k+1)\pi(k=0,\pm1,\pm2,\cdots)$ 各区间内都有零点,因而有无穷多个零点.

(5) $J_n(x)$ 的任何两个相邻零点之间,有且仅有 $J_{n+1}(x)$ 的一个零点,即 $J_n(x)$

与 $J_{n+1}(x)$ 的零点分布是彼此相间分布的,故每个 $J_n(x)$ 都有无穷多个零点.

以上各条性质,可从本章 §2 的图 6.1 中得到直观的验证.

4.2 贝塞尔函数的正交性和归一性

由贝塞尔函数零点的性质,我们可以把 $J_n(x)$ 的零点按大小次序排列起来,不妨设

$$0<\lambda_1^n<\lambda_2^n<\lambda_3^n<\cdots<\lambda_i^n<\cdots$$

为 $J_n(x)=0$ 的正根,其中 $n=0,1,2,\cdots$.

令 $x=kr$,则 $J_n(kr)$ 满足方程(1.13)

$$\frac{\mathrm{d}}{\mathrm{d}r}\left(r\frac{\mathrm{d}J_n}{\mathrm{d}r}\right)+\left(k^2r-\frac{n^2}{r}\right)J_n=0.$$

对任何一个给定的正数 l,我们令 $k_i^n=\dfrac{\lambda_i^n}{l}$,即 $k_i^n l=\lambda_i^n$.则有下面的**正交性定理和归一性定理**.

定理 4.1(正交性) n 阶贝塞尔函数序列 $J_n(k_1^n r),J_n(k_2^n r),\cdots,J_n(k_i^n r),\cdots$ 在区间 $(0,l)$ 上带权 r 正交,即

$$\int_0^l rJ_n(k_i^n r)J_n(k_j^n r)\,\mathrm{d}r=0,\quad i\neq j,i,j=1,2,3,\cdots. \tag{4.3}$$

证明 $J_n(k_i^n r),J_n(k_j^n r)$ 分别满足

$$\frac{\mathrm{d}}{\mathrm{d}r}\left[r\frac{\mathrm{d}J_n(k_i^n r)}{\mathrm{d}r}\right]+\left[(k_i^n)^2r-\frac{n^2}{r}\right]J_n(k_i^n r)=0, \tag{4.4}$$

$$\frac{\mathrm{d}}{\mathrm{d}r}\left[r\frac{\mathrm{d}J_n(k_j^n r)}{\mathrm{d}r}\right]+\left[(k_j^n)^2r-\frac{n^2}{r}\right]J_n(k_j^n r)=0. \tag{4.5}$$

用 $J_n(k_j^n r)$ 乘(4.4),$J_n(k_i^n r)$ 乘(4.5),相减后在 $(0,l)$ 上积分可得

$$\begin{aligned}&[(k_i^n)^2-(k_j^n)^2]\int_0^l rJ_n(k_i^n r)J_n(k_j^n r)\,\mathrm{d}r\\&=\left[rJ_n(k_i^n r)\frac{\mathrm{d}}{\mathrm{d}r}J_n(k_j^n r)-rJ_n(k_j^n r)\frac{\mathrm{d}}{\mathrm{d}r}J_n(k_i^n r)\right]\Bigg|_0^l\\&=0.\end{aligned} \tag{4.6}$$

由于 $k_i^n\neq k_j^n$,则有

$$\int_0^l rJ_n(k_i^n r)J_n(k_j^n r)\,\mathrm{d}r=0.$$

定理证毕. □

定理 4.2(归一性)

$$\int_0^l rJ_n^2(k_i^n r)\,\mathrm{d}r=\frac{l^2}{2}J_{n+1}^2(k_i^n l),\quad i=1,2,3,\cdots. \tag{4.7}$$

证明 在(4.6)中,把 k_j^n 换为参变量 α,并记

$$\frac{\mathrm{d}}{\mathrm{d}r}J_n(k_i^n r)=k_i^n J_n'(k_i^n r),$$

于是有

$$\int_0^l rJ_n(k_i^n r)J_n(\alpha r)\,\mathrm{d}r=\frac{-lk_i^n J_n'(k_i^n l)J_n(\alpha l)}{(k_i^n)^2-\alpha^2}.$$

令 $\alpha\to k_i^n$,上式左端的极限,即为(4.7)的左端,而右端成为一个待定式,由洛必达(L'Hospital)法则可得

$$\lim_{\alpha\to k_i^n}\frac{-lk_i^n J_n'(k_i^n l)J_n(\alpha l)}{(k_i^n)^2-\alpha^2}=\lim_{\alpha\to k_i^n}\frac{-lk_i^n J_n'(k_i^n l)lJ_n'(\alpha l)}{-2\alpha}=\frac{l^2}{2}[J_n'(k_i^n l)]^2,$$

因 $J_n(k_i^n l)=0$,则由(3.6)可知

$$[J_n'(k_i^n l)]^2=[J_{n+1}(k_i^n l)]^2.$$

定理得证. □

4.3 展开定理的叙述

定理 4.3 设函数 $f(r)$ 在区间 $(0,l)$ 内有连续的一阶导数和分段连续的二阶导数,且 $f(r)$ 在 $r=0$ 处有界,在 $r=l$ 处为零,则 $f(r)$ 在 $(0,l)$ 上可展开为绝对且一致收敛的级数

$$f(r)=\sum_{i=1}^{\infty}C_iJ_n(k_i^n r),$$

其中

$$C_i=\frac{\int_0^l rf(r)J_n(k_i^n r)\,\mathrm{d}r}{l^2J_{n+1}^2(k_i^n l)/2},\quad i=1,2,3,\cdots.$$

我们不给出此定理的证明,若读者有兴趣,可参阅相关文献.

例 4.1 设 $\lambda_i^0(i=1,2,\cdots)$ 是函数 $J_0(x)$ 的正零点,试将函数 $f(x)=1$ 在 $(0,1)$ 上展成贝塞尔函数 $J_0(\lambda_i^0 x)$ 的级数.

解 直接利用展开定理 4.3.在本题中,$n=0,t=1,k_i^n=\dfrac{\lambda_i^n}{t}=\lambda_i^0$.所以

$$f(x)=1=\sum_{i=1}^{\infty}C_iJ_0(\lambda_i^0 x),$$

其中 C_i 为

$$C_i=\frac{\int_0^1 xf(x)J_0(\lambda_i^0 x)\,\mathrm{d}x}{\frac{1}{2}J_1^2(\lambda_i^0)}=\frac{\int_0^1 xJ_0(\lambda_i^0 x)\,\mathrm{d}x}{\frac{1}{2}J_1^2(\lambda_i^0)}.$$

先计算分子，令 $\lambda_i^0 x=r$，有

$$\begin{aligned}\int_0^1 xJ_0(\lambda_i^0 x)\,\mathrm{d}x&=\frac{1}{(\lambda_i^0)^2}\int_0^{\lambda_i^0} rJ_0(r)\,\mathrm{d}r\\&=\frac{1}{(\lambda_i^0)^2}[rJ_1(r)]\Big|_0^{\lambda_i^0}=\frac{1}{\lambda_i^0}J_1(\lambda_i^0).\end{aligned}$$

所以

$$C_i=\frac{1}{\lambda_i^0}J_1(\lambda_i^0)\Big/\frac{1}{2}J_1^2(\lambda_i^0)=\frac{2}{\lambda_i^0 J_1(\lambda_i^0)}.$$

于是

$$1=\sum_{i=1}^{\infty}\frac{2}{\lambda_i^0 J_1(\lambda_i^0)}J_0(\lambda_i^0 x).$$

§5 贝塞尔函数的应用

在这一节，我们将借助贝塞尔函数求解两个定解问题.

例 5.1 设有半径为 1 的均匀薄圆盘，边界上温度为零，初始时刻圆盘内温度分布为 $1-r^2$，其中 r 是圆盘内任一点的极半径，求圆内温度分布规律.

解 由于是在圆域内求解问题，并考虑到定解条件与 θ 无关，故在极坐标系下，问题可归结为求解下列定解问题

$$\begin{cases}\dfrac{\partial u}{\partial t}=a^2\left(\dfrac{\partial^2 u}{\partial r^2}+\dfrac{1}{r}\dfrac{\partial u}{\partial r}\right), \quad 0\leqslant r<1, & (5.1)\\ u\big|_{r=1}=0, & (5.2)\\ u\big|_{t=0}=1-r^2. & (5.3)\end{cases}$$

此外，由实际物理意义可知：$|u|<+\infty$，且当 $t\to+\infty$ 时，$u\to 0$.

现令

$$u(r,t)=F(r)T(t),$$

代入方程(5.1)，可得

$$FT'=a^2\left(F''+\frac{1}{r}F'\right)T,$$

即

$$\frac{T'}{a^2T}=\frac{F''+\frac{1}{r}F'}{F}=-\lambda.$$

由此可得

$$r^2F''+rF'+\lambda r^2F=0, \tag{5.4}$$

$$T'+a^2\lambda T=0, \tag{5.5}$$

方程(5.5)的解为

$$T(t)=Ce^{-a^2\lambda t},$$

由于 $t\to+\infty$ 时,$u\to 0$,则 $\lambda>0$. 令 $\lambda=\beta^2$,即

$$T(t)=Ce^{-a^2\beta^2t}.$$

相应地,方程(5.4)的通解为

$$F(r)=C_1J_0(\beta r)+C_2Y_0(\beta r).$$

由 $u(r,t)$ 的有界性,可知 $C_2=0$,又由(5.2)可得

$$J_0(\beta)=0,$$

即 β 是 $J_0(x)$ 的零点.以 $\mu_n^{(0)}$ 表示 $J_0(x)$ 的正零点,则

$$\beta=\mu_n^{(0)},\quad n=1,2,3,\cdots,$$

因此

$$F_n(r)=J_0(\mu_n^{(0)}r),$$

$$T_n(t)=C_ne^{-a^2(\mu_n^{(0)})^2t},$$

从而

$$u_n(r,t)=C_ne^{-a^2(\mu_n^{(0)})^2t}J_0(\mu_n^{(0)}r).$$

由叠加原理,可得原问题的解为

$$u(r,t)=\sum_{n=1}^{\infty}C_ne^{-a^2(\mu_n^{(0)})^2t}J_0(\mu_n^{(0)}r).$$

由(5.3)可得

$$1-r^2=\sum_{n=1}^{\infty}C_nJ_0(\mu_n^{(0)}r),$$

所以

$$C_n=\frac{2}{J_1^2(\mu_n^{(0)})}\left[\int_0^1 rJ_0(\mu_n^{(0)}r)\,dr-\int_0^1 r^3J_0(\mu_n^{(0)}r)\,dr\right].$$

因为

$$d[(\mu_n^{(0)}r)J_1(\mu_n^{(0)}r)]=(\mu_n^{(0)}r)[J_0(\mu_n^{(0)}r)d(\mu_n^{(0)}r)],$$

即

$$d\left[\frac{rJ_1(\mu_n^{(0)}r)}{\mu_n^{(0)}}\right]=rJ_0(\mu_n^{(0)}r)dr,$$

故可得

$$\int_0^1 rJ_0(\mu_n^{(0)}r)dr=\frac{rJ_1(\mu_n^{(0)}r)}{\mu_n^{(0)}}\bigg|_0^1=\frac{J_1(\mu_n^{(0)})}{\mu_n^{(0)}}.$$

另一方面

$$\begin{aligned}\int_0^1 r^3J_0(\mu_n^{(0)}r)dr&=\int_0^1 r^2d\left[\frac{rJ_1(\mu_n^{(0)}r)}{\mu_n^{(0)}}\right]\\&=\frac{r^3J_1(\mu_n^{(0)}r)}{\mu_n^{(0)}}\bigg|_0^1-\frac{2}{\mu_n^{(0)}}\int_0^1 r^2J_1(\mu_n^{(0)}r)dr\\&=\frac{J_1(\mu_n^{(0)})}{\mu_n^{(0)}}-\frac{2}{(\mu_n^{(0)})^2}r^2J_2(\mu_n^{(0)}r)\bigg|_0^1\\&=\frac{J_1(\mu_n^{(0)})}{\mu_n^{(0)}}-\frac{2J_2(\mu_n^{(0)})}{(\mu_n^{(0)})^2},\end{aligned}$$

从而

$$C_n=\frac{4J_2(\mu_n^{(0)})}{(\mu_n^{(0)})^2J_1^2(\mu_n^{(0)})}.$$

故所求定解问题的解为

$$u(r,t)=\sum_{n=1}^{\infty}\frac{4J_2(\mu_n^{(0)})}{(\mu_n^{(0)})^2J_1^2(\mu_n^{(0)})}J_0(\mu_n^{(0)}r)e^{-a^2(\mu_n^{(0)})^2t},$$

其中 $\mu_n^{(0)}$ 是 $J_0(r)$ 的正零点.

例 5.2 求下列定解问题

$$\begin{cases}\dfrac{\partial^2u}{\partial t^2}=a^2\left(\dfrac{\partial^2u}{\partial r^2}+\dfrac{1}{r}\dfrac{\partial u}{\partial r}\right), \quad 0\leqslant r<R, & (5.6)\\ \dfrac{\partial u}{\partial r}\bigg|_{r=R}=0,\ |u|_{r=0}|<+\infty, & (5.7)\\ u|_{t=0}=0, \quad \dfrac{\partial u}{\partial t}\bigg|_{t=0}=1-\dfrac{r^2}{R^2} & (5.8)\end{cases}$$

的解.

解 用分离变量法求解.令

$$u(r,t)=F(r)T(t),$$

类似于例 5.1 中的运算，可得

$$F(r)=C_1J_0(\beta r)+C_2Y_0(\beta r), \tag{5.9}$$

$$T(t)=C_3\cos\alpha\beta t+C_4\sin\alpha\beta t. \tag{5.10}$$

由 $u(r,t)$ 在 $r=0$ 处的有界性，可知 $C_2=0$，即

$$F(r)=C_1J_0(\beta r), \tag{5.11}$$

又由(5.7)的第一式，可得

$$F'(R)=C_1\beta J_0'(\beta R)=0,$$

由于 $C_1\beta$ 不能为零，则只能有

$$J_0'(\beta R)=0.$$

利用贝塞尔函数的递推公式 (3.6)可得

$$J_1(\beta R)=0,$$

即 βR 是 $J_1(x)$ 的正零点. 以 $\mu_1^{(1)},\mu_2^{(1)},\mu_3^{(1)},\cdots,\mu_n^{(1)},\cdots$ 表示 $J_1(x)$ 的所有正零点，则

$$\beta R=\mu_n^{(1)},\quad n=1,2,3,\cdots,$$

即

$$\beta=\frac{\mu_n^{(1)}}{R}. \tag{5.12}$$

将(5.12)分别代入(5.11)(5.10)，可得

$$F_n(r)=J_0\left(\frac{\mu_n^{(1)}}{R}r\right),$$

$$T_n(t)=C_n\cos\frac{a\mu_n^{(1)}}{R}t+D_n\sin\frac{a\mu_n^{(1)}}{R}t,$$

从而

$$u_n(r,t)=\left[C_n\cos\frac{a\mu_n^{(1)}}{R}t+D_n\sin\frac{a\mu_n^{(1)}}{R}t\right]J_0\left(\frac{\mu_n^{(1)}}{R}r\right).$$

由叠加原理可得原定解问题的解为

$$u(r,t)=\sum_{n=1}^{\infty}\left[C_n\cos\frac{a\mu_n^{(1)}}{R}t+D_n\sin\frac{a\mu_n^{(1)}}{R}t\right]J_0\left(\frac{\mu_n^{(1)}}{R}r\right),$$

代入条件(5.8) 可得

$$\sum_{n=1}^{\infty}C_nJ_0\left(\frac{\mu_n^{(1)}}{R}r\right)=0, \tag{5.13}$$

$$\sum_{n=1}^{\infty}\frac{a}{R}D_n\mu_n^{(1)}J_0\left(\frac{\mu_n^{(1)}}{R}r\right)=1-\frac{r^2}{R^2}. \tag{5.14}$$

由(5.13)可得

$$C_n=0,\quad n=1,2,3,\cdots.$$

由(5.14)以及下面的结论①:若 $\mu_n^{(1)}$ 是 $J_1(x)$ 的正零点,则

$$\int_0^R rJ_0^2\left(\frac{\mu_n^{(1)}}{R}r\right)\mathrm{d}r=\frac{R^2}{2}J_0(\mu_n^{(1)})J_1'(\mu_n^{(1)})=\frac{R^2}{2}J_0^2(\mu_n^{(1)}),$$

可得

$$\begin{aligned}D_n&=\frac{2}{a\mu_n^{(1)}RJ_0^2(\mu_n^{(1)})}\int_0^R\left(1-\frac{r^2}{R^2}\right)rJ_0\left(\frac{\mu_n^{(1)}}{R}r\right)\mathrm{d}r\\&=\frac{4RJ_2(\mu_n^{(1)})}{a(\mu_n^{(1)})^3J_0^2(\mu_n^{(1)})}\\&=-\frac{4R}{a(\mu_n^{(1)})^3J_0(\mu_n^{(1)})}.\end{aligned}$$

故原定解问题的解为

$$u(r,t)=-\frac{4R}{a}\sum_{n=1}^{\infty}\frac{1}{(\mu_n^{(1)})^3J_0(\mu_n^{(1)})}\sin\frac{a\mu_n^{(1)}}{R}tJ_0\left(\frac{\mu_n^{(1)}}{R}r\right).$$

习 题 六

1. 写出 $J_0(x),J_1(x),\cdots,J_n(x)$($n$ 为正整数)的级数表示式的前 5 项.

2. 证明 $J_{2n-1}=0$,其中 $n=1,2,3,\cdots$.

3. 求微分:

(1) $\dfrac{\mathrm{d}}{\mathrm{d}x}J_0(\alpha x)$.

(2) $\dfrac{\mathrm{d}}{\mathrm{d}x}[xJ_1(\alpha x)]$.

4. 若 $\mu_n^{(1)}$ 为 $J_1(x)$ 的正零点,则

$$\int_0^R rJ_0^2\left(\frac{\mu_n^{(1)}}{R}r\right)\mathrm{d}r=\frac{R^2}{2}J_0(\mu_n^{(1)})J_1'(\mu_n^{(1)})=\frac{R^2}{2}J_0^2(\mu_n^{(1)}).$$

5. 证明 $y=J_n(\alpha x)$ 为方程

$$x^2y''+xy'+(\alpha^2x^2-n^2)y=0$$

的解.

6. 证明 $y=xJ_n(x)$ 是

$$x^2y''-xy'+(1+x^2-n^2)y=0$$

的一个解.

---

① 限于篇幅,此结论的证明留作习题.

7. 设 $\lambda_i(i=1,2,3,\cdots)$ 是方程 $J_1(x)=0$ 的正根，将函数

$$f(x)=x,\quad 0<x<1$$

展开成贝塞尔函数 $J_1(\lambda_i x)$ 的级数.

8. 设 $\lambda_i(i=1,2,3,\cdots)$ 是 $J_0(x)=0$ 的正根，将函数

$$f(x)=x^2,\quad 0<x<1$$

展开成贝塞尔函数 $J_0(\lambda_i x)$ 的级数.

9. 设 $\lambda_i(i=1,2,3,\cdots)$ 是方程 $J_0(2x)=0$ 的正根，将函数

$$f(x)=\begin{cases}1, & 0<x<1,\\ \dfrac{1}{2}, & x=1,\\ 0, & 1<x<2\end{cases}$$

展开成贝塞尔函数 $J_0(\lambda_i x)$ 的级数.

10. 利用递推公式证明：

(1) $J_2(x)=J_0''(x)-\dfrac{1}{x}J_0'(x)$.

(2) $J_3(x)+3J_0'(x)+4J_0'''(x)=0$.

11. 试解下列圆柱区域的边值问题：在圆柱内 $\Delta u=0$，在圆柱侧面 $u\big|_{\rho=a}=0$，在下底 $u\big|_{x=0}=0$，在上底 $u\big|_{x=h}=A$.

12. 解下列定解问题：

$$\begin{cases}\dfrac{\partial^2 u}{\partial t^2}=a^2\left(\dfrac{\partial^2 u}{\partial \rho^2}+\dfrac{1}{\rho}\dfrac{\partial u}{\partial \rho}\right),\\ u\big|_{t=0}=1-\dfrac{\rho^2}{R^2},\dfrac{\partial u}{\partial t}\Big|_{t=0}=0,\\ u\big|_{\rho=0}<\infty,u\big|_{\rho=R}=0.\end{cases}$$

若上述方程换成非齐次的，即

$$\frac{\partial^2 u}{\partial \rho^2}+\frac{1}{\rho}\frac{\partial u}{\partial \rho}-\frac{1}{a^2}\frac{\partial^2 u}{\partial t^2}=-B\quad (B\text{ 为常数}),$$

而所有定解条件均为零，试求其解.

第六章自测题

第七章
变　分　法

变分法是求解数学物理方程行之有效的近似方法之一.本章阐述变分法的基本概念、基本原理及其应用.

§1　泛函和泛函的极值问题

1.1　基本概念

为了介绍变分法,我们首先引入泛函概念.

所谓**泛函**,是指按照一定的对应规则与某个函数类 F 中元素相依的实变量 J.具体地说,假设 J 是一个实变量,F 是一个函数集合,如果对于 F 中的每个元素 f,都可以根据一确定的对应规则求得 J 的对应值,那么说 J 是 F 上定义的泛函,记成

$$J=J(f),$$

函数集合 F 称为 $J(f)$ 的定义域,记成 $D(J)$.

泛函的极值问题是变分法的基本问题之一.

在介绍极值问题之前,首先引进一个记号 $C^k[a,b]$,它表示闭区间 $[a,b]$ 上所有 k 次连续可微函数组成的集合,其中 k 是非负整数.特别地,记 $C[a,b]\equiv C^0[a,b]$.在 $C^k[a,b]$ 中任取两个函数 f 和 g,定义它们的距离为

$$d_k(f,g)=\sum_{i=0}^{k}\max_{a\leqslant x\leqslant b}\left|f^{(i)}(x)-g^{(i)}(x)\right|,\tag{1.1}$$

为了表示方便,有时也用 $\|f-g\|_k$ 表示 $d_k(f,g)$.

假设泛函 $J(y)$ 的定义域为 $D(J)\subset C[a,b]$,如果对于 $y_0\in D(J)$,存在 $\delta>0$,使得当 $y\in D(J)$ 且 $d_0(y,y_0)<\delta$ 时,有 $J(y_0)\leqslant J(y)$,那么称泛函 $J(y)$ 在 $y_0(x)$ 处取**强极小值**,也称 $y_0(x)$ 是泛函 $J(y)$ 的**强极小函数**.类似地,可以定义强极大值与强极大函数.强极小函数与强极大函数统称为**强极值函数**.

进一步,我们给出弱极值与弱极值函数的定义.

假设泛函 $J(y)$ 的定义域为 $D(J)\subset C^1[a,b]$,如果对于 $y_0\in D(J)$,存在$\delta>0$,使得当 $y\in D(J)$ 且 $d_1(y,y_0)<\delta$ 时,有 $J(y_0)\leqslant J(y)$,则称泛函 $J(y)$ 在$y_0(x)$处取**弱极小值**,也称 $y_0(x)$是泛函 $J(y)$ 的**弱极小函数**.类似地,可以定义弱极大值和弱极大函数.

由定义(1.1)知 $d_0(y,y_0)\leqslant d_1(y,y_0)$,因此如果在强极值意义下, $y_0(x)$是 $J(y)$的强极值函数,那么在弱极值意义下,$y_0(x)$也是 $J(y)$ 的弱极值函数.显然,反之不一定成立,即弱极值函数不一定是强极值函数.

例 1.1　已知泛函

$$J(y)=\int_0^\pi y^2(1-(y')^2)\,\mathrm{d}x,$$

其定义域 $D(J)=\{y\mid y\in C^1[0,\pi]\}$.

取 $y_0(x)\equiv 0$,$0<\delta<1$.对任意给定 $y\in C^1[0,\pi]$,当 $d_1(y,y_0)<\delta$ 时,即

$$|y(x)|<\delta<1,\quad |y'(x)|<\delta<1$$

时,就有

$$y^2(x)[1-(y')^2(x)]\geqslant y^2(x)(1-\delta^2)\geqslant 0,$$

因此

$$J(y)=\int_0^\pi y^2[1-(y')^2]\,\mathrm{d}x\geqslant 0=J(y_0).$$

可见 $y_0(x)\equiv 0$ 是泛函 $J(y)$ 的弱极小函数,但是 $y_0(x)$ 不是强极小函数,这是因为当我们取

$$y_n(x)=\frac{1}{\sqrt{n}}\sin nx,\quad n=1,2,\cdots$$

时,有

$$\begin{aligned}J(y_n)&=\frac{1}{n}\int_0^\pi \sin^2 nx(1-n\cos^2 nx)\,\mathrm{d}x\\&=\frac{1}{n}\int_0^\pi \sin^2 nx\,\mathrm{d}x-\frac{1}{4}\int_0^\pi \sin^2 2nx\,\mathrm{d}x\\&=\frac{\pi}{2n}-\frac{\pi}{8}.\end{aligned}$$

当 n 适当大时,有 $J(y_n)<0$.同时

$$d_0(y_n,y_0)=\max_{0\leqslant x\leqslant\pi}\left|\frac{1}{\sqrt{n}}\sin nx\right|=\frac{1}{\sqrt{n}},$$

所以对给定 $\delta>0$,无论 δ 多么小,总有 $y_n(x)$ 使

$$d_0(y_n,y_0)=\frac{1}{\sqrt{n}}<\delta,\quad J(y_0)=0>J(y_n),$$

因此 $y_0=y_0(x)$ 不是泛函 $J(y)$ 的强极小函数.

由此可见,极值函数的概念是相比较而言的.不同的比较尺度就可能有不同的极值函数.从这种意义来说,泛函极值和函数极值是有差别的.

应当指出的是,定义极值和极值函数的尺度,可以进一步换成 $C^k[a,b](k\geqslant 2)$.由于受篇幅限制,细节略去.

1.2 变分法基本引理

在讨论泛函极值问题过程中需要用到下列变分法基本引理.

变分法基本引理 设 $M(x)$ 是 $[a,b]$ 上的连续函数,如果对任一在 $[a,b]$ 上两次连续可微,且在 a,b 点处为零的函数 $\eta(x)$,都有

$$\int_a^b M(x)\eta(x)\,\mathrm{d}x=0,$$

那么 $M(x)$ 在 $[a,b]$ 上恒为零.

证明 反证法.设 $M(x)$ 在某点 $x_0\in(a,b)$ 处不为零,那么由连续性可知,$M(x)$ 在 x_0 点附近也不为零.不妨设

$$M(x)>0,\quad a<\xi_1<x<\xi_2<b.$$

令

$$\eta(x)=\begin{cases}(x-\xi_1)^4(x-\xi_2)^4, & \xi_1\leqslant x\leqslant\xi_2,\\ 0, & \text{其他},\end{cases}$$

则 $\eta(x)$ 在 $[a,b]$ 上两次连续可微,且 $\eta(a)=\eta(b)=0$.由假设,应有

$$\int_a^b M(x)\eta(x)\,\mathrm{d}x=0,$$

但事实上

$$\int_a^b M(x)\eta(x)\,\mathrm{d}x=\int_{\xi_1}^{\xi_2}(x-\xi_1)^4(x-\xi_2)^4M(x)\,\mathrm{d}x>0,$$

产生矛盾.这表明存在 x_0,使 $M(x_0)\neq 0$ 的假设是错误的.于是 $M(x)\equiv 0$. □

1.3 泛函极值的必要条件

本章着重讨论泛函

$$J(y)=\int_a^b F(x,y,y')\,\mathrm{d}x \tag{1.2}$$

在定义域

$$D(J)=\{y(x)\mid y(x)\in C^2[a,b],y(a)=\alpha,y(b)=\beta\}$$

中的极值问题.

这一节讨论泛函(1.2)取极值的必要条件.

设泛函 $J(y)$ 在 $y_0(x)\in D(J)$ 处取极值,我们来建立 $y_0(x)$ 满足的条件.

考虑含参数 ε 的函数族

$$y_\varepsilon(x)=y_0(x)+\varepsilon\eta(x),$$

式中 $\eta(x)$ 是$[a,b]$上任一两次连续可微的非零函数,且 $\eta(a)=\eta(b)=0$.因为对任何 ε 都有 $y_\varepsilon(x)\in D(J)$,并且

$$\|y_\varepsilon(x)-y_0(x)\|_0=|\varepsilon|\ \|\eta\|_0,$$

所以当 $|\varepsilon|$ 充分小时,$y_\varepsilon(x)$ 和 $y_0(x)$ 的距离可小于任一给定的正数.将 $y_\varepsilon(x)$ 代入(1.2)得到

$$J(y_\varepsilon(x))=\int_a^b F(x,y_0+\varepsilon\eta,y_0'+\varepsilon\eta')\,\mathrm{d}x.$$

对任一固定的 $\eta(x)$,上式右端是 ε 的可微函数,记为 $\varphi(\varepsilon)$.根据假设,在 $\varepsilon=0$(即 $y_\varepsilon(x)=y_0(x)$)时,$\varphi(\varepsilon)$取极值,故

$$\varphi'(0)=\int_a^b[F_y(x_0,y_0,y_0')\eta+F_{y'}(x,y_0,y_0')\eta']\,\mathrm{d}x=0. \tag{1.3}$$

应用条件 $\eta(a)=\eta(b)=0$,对上式右端积分中的第二项分部积分,得到

$$\int_a^b F_{y'}\eta'\,\mathrm{d}x=F_{y'}\eta\Big|_a^b-\int_a^b\eta\frac{\mathrm{d}}{\mathrm{d}x}F_{y'}\,\mathrm{d}x=-\int_a^b\eta\frac{\mathrm{d}}{\mathrm{d}x}F_{y'}\,\mathrm{d}x,$$

把它代回(1.3),有

$$\varphi'(0)=\int_a^b\eta(x)\left[F_y(x_0,y_0,y_0')-\frac{\mathrm{d}}{\mathrm{d}x}F_{y'}(x,y_0,y_0')\right]\mathrm{d}x=0. \tag{1.4}$$

根据函数

$$F_y(x_0,y_0,y_0')-\frac{\mathrm{d}}{\mathrm{d}x}F_{y'}(x,y_0,y_0')$$

的连续性及 $\eta(x)$ 的任意性,对(1.4)应用变分法基本引理知,$y_0(x)$ 满足方程

$$F_y(x,y,y')-\frac{\mathrm{d}}{\mathrm{d}x}F_{y'}(x,y,y')=0, \tag{1.5}$$

这样我们就得到以下定理.

定理 1.1　如果 $y_0(x)\in D(J)$ 是泛函(1.2)的极值函数,那么 $y_0(x)$ 满足方程(1.5).

称方程(1.5)为泛函 $J(y)$ 的**欧拉方程**.它是欧拉在 1774 年首先得到的,是泛函 $J(y)$ 的极值函数 $y_0(x)$ 满足的必要条件.

由微商的链式法则,欧拉方程可写为

$$F_y(x,y,y')-F_{y'x}(x,y,y')-F_{y'y}(x,y,y')y'-F_{y'y'}(x,y,y')y''=0. \tag{1.6}$$

例 1.2 若 $F(x,y,y')$ 呈特殊形式，则欧拉方程(1.6)可简化.例如当

$$F=F(x,y'),$$

即 $F(x,y,y')$ 不显含 y 时，注意到 $F_y(x,y')=0$，知欧拉方程(1.5)成为

$$\frac{\mathrm{d}}{\mathrm{d}x}F_{y'}(x,y')=0,$$

于是有

$$F_{y'}(x,y')=C. \tag{1.7}$$

当 $F=F(y,y')$，即 $F(x,y,y')$ 不显含 x 时，由(1.6)得

$$\begin{aligned}&\frac{\mathrm{d}}{\mathrm{d}x}[F(y,y')-F_{y'}(y,y')y']\\&=(F_y y'+F_{y'}y'')-(F_{y'y}y'+F_{y'y'}y'')y'-F_{y'}y''\\&=(F_y-F_{y'y}y'-F_{y'y'}y'')y'=0,\end{aligned}$$

由此得到首次积分

$$F(y,y')-y'F_{y'}(y,y')=C. \tag{1.8}$$

现在，应用定理 1.1 来讨论著名的最速降线问题.这个问题是约翰·伯努利(Johann Bernoulli)在 1696 年提出的，也是历史上引起数学家们普遍注意的第一个泛函极值问题.

最速降线问题 在所有连接两定点 A,B 的曲线中，求出一条曲线，使初速度等于零的无摩擦质点，自 A 点在重力作用下沿着此曲线运动时，能以最短时间达到 B 点.

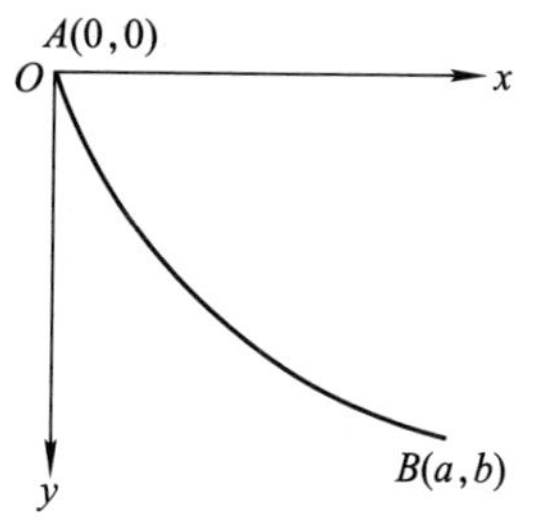

图 7.1

作经过 A,B 的竖平面，并选取如图 7.1 所示的坐标系，y 轴的方向与重力加速度 g 的方向一致，连接 A,B 的光滑曲线可表为

$$\begin{cases}y=y(x) \quad (0\leqslant x\leqslant a),\\ y(0)=0,\quad y(a)=b,\end{cases} \tag{1.9}$$

且 $y(x)\in C^1[a,b]$.由质点运动学可知，质量为 m 的质点沿着(1.9)形的曲线运动时，到达 B 点时的速度为

$$v=\frac{\mathrm{d}s}{\mathrm{d}t}=\frac{\sqrt{1+(y')^2}\,\mathrm{d}x}{\mathrm{d}t},$$

即

$$\mathrm{d}t=\frac{\sqrt{1+(y')^2}}{v}\mathrm{d}x,$$

因此沿 $y(x)$，从 A 到 B 的时间为

$$T=\int_0^a \frac{\sqrt{1+(y')^2}}{v}\mathrm{d}x.$$

因为质点初速度为零，由能量守恒定律，有

$$\frac{1}{2}mv^2=mgy,$$

即 $v=\sqrt{2gy}$. 于是

$$T=\int_0^a \frac{\sqrt{1+(y')^2}}{\sqrt{2gy}}\mathrm{d}x,$$

这里的 $T=T(y)$ 就是(1.9)形函数类上定义的泛函. 因此最速降线问题就是在(1.9)形函数类中，求使泛函 $T(y)$ 取极小的函数 $y_0(x)$.

为求极小函数 $y_0(x)$，在(1.8)中取

$$F=\sqrt{\frac{1+(y')^2}{y}},$$

得到 $F-y'F_{y'}=C$，即

$$\sqrt{\frac{1+(y')^2}{y}}-\frac{(y')^2}{\sqrt{y(1+(y')^2)}}=\frac{1+(y')^2-(y')^2}{\sqrt{y(1+(y')^2)}}=C,$$

化简得

$$y(1+(y')^2)=C_1,$$

其中 $C_1=\left(\frac{1}{C}\right)^2$. 令 $y'=\cot\varphi$，代入上式得

$$y=\frac{C_1}{1+\cot^2\varphi}=C_1\sin^2\varphi=\frac{C_1}{2}(1-\cos 2\varphi),$$

注意到

$$\mathrm{d}x=\frac{\mathrm{d}y}{y'}=\frac{2C_1\cos\varphi\sin\varphi\,\mathrm{d}\varphi}{\cot\varphi}=C_1(1-\cos 2\varphi)\mathrm{d}\varphi,$$

在等式两端积分得

$$x=C_1\left(\varphi-\frac{\sin 2\varphi}{2}\right)+C_2=\frac{C_1}{2}(2\varphi-\sin 2\varphi)+C_2.$$

若令 $\theta=2\varphi$，则得到欧拉方程的解

$$x=\frac{C_1}{2}(\theta-\sin\theta)+C_2,\quad y=\frac{C_1}{2}(1-\cos\theta),$$

由端点条件 $y(0)=0$ 知，$C_2=0$. 于是

$$x=\frac{C_1}{2}(\theta-\sin\theta),\quad y=\frac{C_1}{2}(1-\cos\theta).$$

这就是极小函数 $y_0=y_0(x)$ 的参数表示，它表示一族经过原点的摆线(旋轮线)，滚动半径为$\frac{C_1}{2}$，且常数 C_1 由 $y(a)=b$ 决定. 于是，最速降线问题的解是过原点和(a,b)点的摆线.

1.4 泛函极值的充分条件

现在讨论泛函(1.2)取极值的充分条件.

当函数 $y_0(x)$ 取得增量 $\varepsilon\eta(x)$ 时，泛函 $J(y)$ 的改变量

$$\begin{aligned}\Delta J&=J(y_0+\varepsilon\eta)-J(y_0)\\&=\int_a^b[F(x,y_0+\varepsilon\eta,y_0'+\varepsilon\eta')-F(x,y_0,y_0')]\mathrm{d}x\\&=\int_a^b\left[\frac{\partial F(x,y_0,y_0')}{\partial y}\varepsilon\eta+\frac{\partial F(x,y_0,y_0')}{\partial y'}\varepsilon\eta'\right]\mathrm{d}x+\\&\quad\int_a^b R(x,y_0,y_0',\varepsilon\eta,\varepsilon\eta')\mathrm{d}x.\end{aligned}\tag{1.10}$$

在上式第三个等号中用到了多元函数的泰勒(Taylor)公式，其中 $R(x,y_0,y_0',\varepsilon y,\varepsilon y')$ 为 εy 和 $\varepsilon y'$的高阶项.

仿照数值函数的(全)微分的定义，称 ΔJ 中关于 $\varepsilon\eta(x)$，$\varepsilon\eta'(x)$的线性部分

$$\int_a^b[F_y(x,y_0,y_0')\varepsilon\eta+F_{y'}(x,y_0,y_0')\varepsilon\eta']\mathrm{d}x\tag{1.11}$$

为泛函 $J(y)$ 在 $y=y_0(x)$ 处的变分或一阶变分，记成 δJ.

把函数 $\delta y=\varepsilon\eta(x)$ 称为函数 $y(x)$ 的一阶变分. 于是，(1.11)可改写为

$$\delta J=\int_a^b[F_y(x,y_0,y_0')\delta y+F_{y'}(x,y_0,y_0')\delta y']\mathrm{d}x,\tag{1.12}$$

其中 $\delta y'=\varepsilon\eta'(x)$. 对(1.12)积分号下的第二项分部积分，得

$$\begin{aligned}&\int_a^b F_{y'}(x,y_0,y_0')\varepsilon\eta'\mathrm{d}x\\&=-\int_a^b\frac{\mathrm{d}}{\mathrm{d}x}F_{y'}(x,y_0,y_0')\varepsilon\eta\mathrm{d}x+\varepsilon\eta F_{y'}(x,y_0,y_0')\Big|_a^b,\end{aligned}$$

把它代入(1.12)，并使用记号 $\delta y=\varepsilon\eta(x)$，得到

$$\delta J=\int_a^b\left[F_y(x,y_0,y_0')-\frac{\mathrm{d}}{\mathrm{d}x}F_{y'}(x,y_0,y_0')\right]\delta y\mathrm{d}x+\delta yF_{y'}(x,y_0,y_0')\Big|_a^b$$

$$=\varepsilon\varphi'(0),\tag{1.13}$$

由极值曲线 $y_0(x)$ 满足的必要条件 $\varphi'(0)=0$,知 $y_0(x)$ 使泛函(1.2)的一阶变分等于零,即

$$\delta J=0,$$

这个结论相当于多元函数在一点取得极值的必要条件(全微分为零).

求函数极值时,经常使用的方法是从一阶微分等于零求出驻点,而后根据二阶微分的符号判断极值点.

对于泛函,也采用类似的方法,为此,需要引进二阶变分的概念.

设

$$J(y)=\int_a^b F(x,y,y')\mathrm{d}x,\quad \delta y=\varepsilon\eta(x),\quad \delta y'=\varepsilon\eta'(x).$$

由多元函数的泰勒公式,有

$$\begin{aligned}&F(x,y_0+\delta y,y_0'+\delta y')\\&=F(x,y_0,y_0')+\left(\delta y\frac{\partial}{\partial y}+\delta y'\frac{\partial}{\partial y'}\right)F(x,y_0,y_0')+\\&\quad\frac{1}{2}\left(\delta y\frac{\partial}{\partial y}+\delta y'\frac{\partial}{\partial y'}\right)^2F(x,y_0,y_0')+o(\delta y^2,\delta(y')^2,\delta y\delta y'),\end{aligned}$$

式中 $o(\delta y^2,\delta(y')^2,\delta y\delta y')$ 为关于 $\delta y^2,\delta(y')^2,\delta y\delta y'$ 的高阶项.于是

$$\begin{aligned}\Delta J&=J(y_0+\delta y)-J(y_0)\\&=\int_a^b[F_y(x,y_0,y_0')\delta y+F_{y'}(x,y_0,y_0')\delta y']\mathrm{d}x+\\&\quad\frac{1}{2}\int_a^b[F_{yy}(x,y_0,y_0')\delta y^2+2F_{yy'}(x,y_0,y_0')\delta y\delta y'+\\&\quad F_{y'y'}(x,y_0,y_0')\delta(y')^2]\mathrm{d}x+\int_a^b o(\delta y^2,\delta(y')^2,\delta y\delta y')\mathrm{d}x.\end{aligned}\tag{1.14}$$

我们定义

$$\delta^2J=\frac{1}{2}\int_a^b[F_{yy}(x,y_0,y_0')\delta y^2+2F_{yy'}(x,y_0,y_0')\delta y\delta y'+F_{y'y'}(x,y_0,y_0')\delta(y')^2]\mathrm{d}x\tag{1.15}$$

为泛函 $J(y)$ 在 $y=y_0(x)$ 处的二阶变分.

定理 1.2　设 $y_0(x)\in C^2[a,b]$,$\delta J(y_0)=0$,于是:

(1) 如果 $\delta^2 J>0$,那么 $y_0(x)$ 是泛函 $J(y)$ 的极小函数;

(2) 如果 $\delta^2 J<0$,那么 $y_0(x)$ 是泛函 $J(y)$ 的极大函数.

证明 在所设条件下,(1.14)右端第一项积分为 0,当 $\delta y=\varepsilon\eta(x)$,$\delta y'=\varepsilon\eta'(x)$(实际上就是 ε)充分小时,(1.14)右端第三项积分和第二项积分(就是 $\delta^2 J$)相比是一高阶无穷小量.因此当 δy,$\delta y'$充分小时,(1.14)式左端符号与二阶变分 $\delta^2 J$ 的符号相同,所以,当 $\delta^2 J>0$ 时,有

$$J(y_0+\varepsilon\eta)-J(y_0)\geqslant 0,$$

即 $y_0(x)$ 是 $J(y)$ 的极小函数;当 $\delta^2 J<0$ 时,有

$$J(y_0+\varepsilon\eta)-J(y_0)\leqslant 0,$$

即 $y_0(x)$ 是 $J(y)$ 的极大函数.因此定理成立. □

例 1.3 求泛函

$$J(y)=\int_{-1}^{1}(y^3-3x^4 y)\,\mathrm{d}x$$

的极小函数.

解 若比较函数

$$\eta(x)\Big|_{x=-1}=0,\quad \eta(x)\Big|_{x=1}=0,$$

则该泛函的一阶变分

$$\delta J=\int_{-1}^{1}[3y^2-3x^4]\delta y\mathrm{d}x,$$

因此欧拉方程的解就是

$$y=\pm x^2.$$

注意到

$$\delta^2 J=\int_{-1}^{1}6y(\delta y)^2\mathrm{d}x,$$

欲求极小函数,根据定理 1.2 的结论,只需 $\delta^2 J>0$.于是应该取 $y>0$,即 $y=x^2$ 就是要找的极小函数.

§2 泛函的条件极值问题

2.1 泛函的条件极值及其必要条件

设 $F(x,y,y')$,$G(x,y,y')$有连续的二阶偏导数,泛函

$$J(y)=\int_a^b F(x,y,y')\,\mathrm{d}x \tag{2.1}$$

的定义域 $D(J)$ 由具有下列性质的函数构成：

(1) $y(x)$ 在 $[a,b]$ 上有连续的二阶导数；

(2) $y(a)=\alpha, y(b)=\beta$，且

$$\int_a^b G(x,y,y')\,dx=l, \tag{2.2}$$

在 $D(J)$ 中求一函数使泛函 $J(y)$ 取得极值.

设 $y_0(x)\in D(J)$ 使泛函 $J(y)$ 取极值.对任意的 $\varepsilon_1,\varepsilon_2$，引进含参数的函数族

$$y(x)=y_0(x)+\varepsilon_1\eta_1(x)+\varepsilon_2\eta_2(x), \tag{2.3}$$

式中 $\eta_1(x),\eta_2(x)$ 为两次连续可微的非零函数，且

$$\eta_1(a)=\eta_1(b)=\eta_2(a)=\eta_2(b)=0.$$

对任意固定的 $\eta_1(x),\eta_2(x)$，将(2.3)代入(2.2)和(2.1)，并令

$$\varphi(\varepsilon_1,\varepsilon_2)=\int_a^b F(x,y_0+\varepsilon_1\eta_1+\varepsilon_2\eta_2,y_0'+\varepsilon_1\eta_1'+\varepsilon_2\eta_2')\,dx,$$

$$\psi(\varepsilon_1,\varepsilon_2)=\int_a^b G(x,y_0+\varepsilon_1\eta_1+\varepsilon_2\eta_2,y_0'+\varepsilon_1\eta_1'+\varepsilon_2\eta_2')\,dx-l.$$

由于 $y_0(x)\in D(J)$ 使 $J(y)$ 取极值，相当于函数 $\varphi(\varepsilon_1,\varepsilon_2)$ 在限制条件 $\psi(\varepsilon_1,\varepsilon_2)=0$ 下，于 $\varepsilon_1=0,\varepsilon_2=0$ 时取极值.

为了引用条件极值中的拉格朗日(Lagrange)乘子法，对等式

$$\psi_{\varepsilon_2}(\varepsilon_1,\varepsilon_2)=\int_a^b [G_y(x,y_0+\varepsilon_1\eta_1+\varepsilon_2\eta_2,y_0'+\varepsilon_1\eta_1'+\varepsilon_2\eta_2')\eta_2+$$
$$G_{y'}(x,y_0+\varepsilon_1\eta_1+\varepsilon_2\eta_2,y_0'+\varepsilon_1\eta_1'+\varepsilon_2\eta_2')\eta_2']\,dx$$

右端的第二个积分分部积分，并利用条件 $\eta_2(a)=\eta_2(b)=0$，得到

$$\begin{aligned}
&\int_a^b G_{y'}(x,y_0+\varepsilon_1\eta_1+\varepsilon_2\eta_2,y_0'+\varepsilon_1\eta_1'+\varepsilon_2\eta_2')\eta_2'\,dx\\
&=G_{y'}(x,y_0+\varepsilon_1\eta_1+\varepsilon_2\eta_2,y_0'+\varepsilon_1\eta_1'+\varepsilon_2\eta_2')\eta_2\Big|_a^b,\\
&\quad-\int_a^b \eta_2\frac{d}{dx}G_{y'}(x,y_0+\varepsilon_1\eta_1+\varepsilon_2\eta_2,y_0'+\varepsilon_1\eta_1'+\varepsilon_2\eta_2')\,dx\\
&=-\int_a^b \eta_2\frac{d}{dx}G_{y'}(x,y_0+\varepsilon_1\eta_1+\varepsilon_2\eta_2,y_0'+\varepsilon_1\eta_1'+\varepsilon_2\eta_2')\,dx,
\end{aligned}$$

于是

$$\psi_{\varepsilon_2}(\varepsilon_1,\varepsilon_2)=\int_a^b [G_y(x,y_0+\varepsilon_1\eta_1+\varepsilon_2\eta_2,y_0'+\varepsilon_1\eta_1'+\varepsilon_2\eta_2')-$$
$$\frac{d}{dx}G_{y'}(x,y_0+\varepsilon_1\eta_1+\varepsilon_2\eta_2,y_0'+\varepsilon_1\eta_1'+\varepsilon_2\eta_2')]\eta_2\,dx.$$

因而

$$\psi_{\varepsilon_2}(0,0)=\int_a^b\left[G_y(x,y_0,y_0')-\frac{\mathrm{d}}{\mathrm{d}x}G_{y'}(x,y_0,y_0')\right]\eta_2(x)\,\mathrm{d}x,$$

若 $G_y(x,y_0,y_0')-\dfrac{\mathrm{d}}{\mathrm{d}x}G_{y'}(x,y_0,y_0')$ 不恒为零，则可适当选取 $\eta_2(x)$ 使

$$\psi_{\varepsilon_2}(0,0)=\int_a^b\left[G_y(x,y_0,y_0')-\frac{\mathrm{d}}{\mathrm{d}x}G_{y'}(x,y_0,y_0')\right]\eta_2(x)\neq 0,$$

对这样选定的 $\eta_2(x)$，因 $\psi_{\varepsilon_2}(0,0)\neq 0$，根据多元函数的拉格朗日乘子法，应有常数 λ 使

$$\left.\frac{\partial\varphi}{\partial\varepsilon_j}+\lambda\frac{\partial\psi}{\partial\varepsilon_j}\right|_{(0,0)}=0\quad(j=1,2).$$

由于 $\eta_2(x)$ 已经选定，讨论 $j=1$ 的情形.因为

$$\begin{aligned}&\left.\frac{\partial\varphi}{\partial\varepsilon_1}+\lambda\frac{\partial\psi}{\partial\varepsilon_1}\right|_{(0,0)}\\&=\int_a^b[F_y(x,y_0,y_0')\eta_1+F_{y'}(x,y_0,y_0')\eta_1']\,\mathrm{d}x+\\&\quad\lambda\int_a^b[G_y(x,y_0,y_0')\eta_1+G_{y'}(x,y_0,y_0')\eta_1']\,\mathrm{d}x\\&=\int_a^b\left[F_y(x,y_0,y_0')-\frac{\mathrm{d}}{\mathrm{d}x}F_{y'}(x,y_0,y_0')\right]\eta_1\,\mathrm{d}x+\\&\quad\lambda\int_a^b\left[G_y(x,y_0,y_0')-\frac{\mathrm{d}}{\mathrm{d}x}G_{y'}(x,y_0,y_0')\right]\eta_1\,\mathrm{d}x\\&=\int_a^b\left[(F_y+\lambda G_y)-\frac{\mathrm{d}}{\mathrm{d}x}(F_{y'}+\lambda G_{y'})\right]\eta_1\,\mathrm{d}x=0,\end{aligned}$$

这里 $\eta_1(x)$ 是任一有连续二阶导数，且在 a 与 b 处为零的函数.根据变分法基本引理，有

$$(F_y+\lambda G_y)-\frac{\mathrm{d}}{\mathrm{d}x}(F_{y'}+\lambda G_{y'})=0.$$

总结上面的讨论我们得到

定理 2.1 如果在 $y_0(x)$ 处 $J(y)$ 取极值，函数

$$G_y(x,y_0,y_0')-\frac{\mathrm{d}}{\mathrm{d}x}G_{y'}(x,y_0,y_0')$$

连续且不恒为零，那么有常数 λ 存在，使 $y_0(x)$ 满足欧拉方程

$$(F_y+\lambda G_y)-\frac{\mathrm{d}}{\mathrm{d}x}(F_{y'}+\lambda G_{y'})=0.\tag{2.4}$$

2.2　应用举例

作为应用举例,我们考虑等周问题:设 $A=(a,0)$,$B=(b,0)$($a<b$)为 x 轴上两定点,$l>b-a$ 为一常数.在连接 A,B 两点的长度为 l 的曲线中,求出一条曲线使其与线段 AB 围成的面积最大(图 7.2).

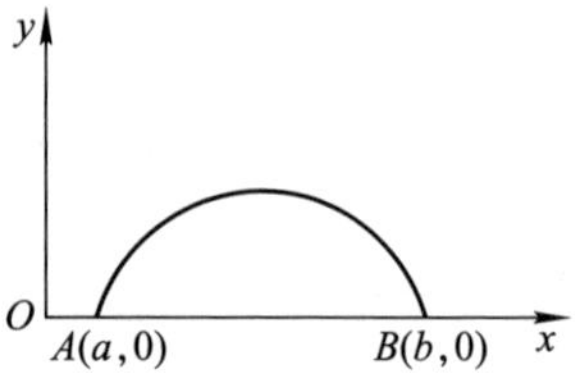

图 7.2

设连接 A,B 的曲线为

$$y=f(x)\quad (a\leqslant x\leqslant b),\tag{2.5}$$

且满足条件

$$y(a)=y(b)=0.\tag{2.6}$$

根据曲线的长度和面积公式知,等周问题就是在条件

$$\int_a^b \sqrt{1+(y')^2(x)}\,\mathrm{d}x=l\tag{2.7}$$

下,求泛函

$$J(y)=\int_a^b y(x)\,\mathrm{d}x\tag{2.8}$$

的最大值.

为求解(2.7)(2.8),取

$$G(x,y,y')=\sqrt{1+(y')^2},\quad F(x,y,y')=y,$$

如果

$$G_y-\frac{\mathrm{d}}{\mathrm{d}x}G_{y'}=-\frac{\mathrm{d}}{\mathrm{d}x}\frac{y'}{\sqrt{1+(y')^2}}\equiv 0,$$

即 $y'(x)\equiv C_1$.则 $y=y(x)$ 是一直线,这与 $y(x)\in D(J)$ 矛盾,因此 $G_y-\dfrac{\mathrm{d}}{\mathrm{d}x}G_{y'}$ 不恒为零,所以欧拉方程是

$$(F_y+\lambda G_y)-\frac{\mathrm{d}}{\mathrm{d}x}(F_{y'}+\lambda G_{y'})=1-\frac{\mathrm{d}}{\mathrm{d}x}\frac{\lambda y'}{\sqrt{1+(y')^2}}=0,$$

积分得

$$\frac{\lambda y'}{\sqrt{1+(y')^2}}=x-c,$$

即

$$y'^2=\frac{(x-c)^2}{\lambda^2-(x-c)^2},$$

$$y=\pm\int\frac{x-c}{\sqrt{\lambda^2-(x-c)^2}}\mathrm{d}x=\mp\sqrt{\lambda^2-(x-c)^2}+d,$$

亦即

$$(y-d)^2+(x-c)^2=\lambda^2.$$

所以等周问题的解是通过 A,B 两点且长度为 l 的圆弧.

§3 变分法应用

变分法在数学物理方程问题中应用的原理是:

(1) 把一个微分方程的定解问题(如边值问题)和一个泛函的极值问题联系起来,使原来方程是这个泛函的欧拉方程.

(2) 求出使泛函取极值的函数,由于这个函数必满足欧拉方程,它就是原方程的解.

3.1 泛函极值问题与边值问题

我们仅以边值问题为例,介绍泛函极值问题与边值问题的联系.

考虑二阶常微分方程边值问题

$$\begin{cases}Ly\equiv-\dfrac{\mathrm{d}}{\mathrm{d}x}[p(x)y'(x)]+q(x)y(x)=f(x)\quad(a<x<b), & (3.1)\\ y\big|_{x=a}=0,\quad y\big|_{x=b}=0. & (3.2)\end{cases}$$

我们假定:

(1) $p(x)\in C^1[a,b],q(x),f(x)\in C[a,b]$;

(2) $p(x)>0,q(x)\geqslant 0$.

我们的目的是在 $y(x)\in C^2[a,b]$ 中,求边值问题(3.1)(3.2)的解,因此微分算子

$$Ly\equiv-\frac{\mathrm{d}}{\mathrm{d}x}[p(x)y'(x)]+q(x)y(x)$$

的定义域为

$$D(L)=\{y\mid y(x)\in C^2[a,b],y(a)=0,y(b)=0\}.\tag{3.3}$$

对任一 $y\in D(L)$,构造泛函

$$J(y)=(Ly,y)-2(y,f),\tag{3.4}$$

式中

$$(Ly,y)=\int_a^b Ly(x)y(x)\,\mathrm{d}x,\quad (y,f)=\int_a^b y(x)f(x)\,\mathrm{d}x$$

表示“内积”.

对任一 $z(x)\in D(L)$,应用分部积分公式和边值条件(3.2)有

$$\begin{aligned}(Ly,z)&=\int_a^b\left[-\frac{\mathrm{d}}{\mathrm{d}x}[p(x)y'(x)]+q(x)y(x)\right]z(x)\,\mathrm{d}x\\&=-p(x)y'(x)z(x)\Big|_a^b+\int_a^b[p(x)y'(x)z'(x)+q(x)y(x)z(x)]\,\mathrm{d}x\\&=\int_a^b[p(x)y'(x)z'(x)+q(x)y(x)z(x)]\,\mathrm{d}x.\end{aligned}\tag{3.5}$$

可见(3.5)右端关于 $y(x),z(x)\in D(L)$ 是对称的,即$(Ly,z)=(y,Lz)$.因此 L 是一对称算子.

在(3.5)中令 $z(x)=y(x)$,得

$$(Ly,y)=\int_a^b[p(x)y'^2(x)+q(x)y^2(x)]\,\mathrm{d}x,\tag{3.6}$$

因为 $p(x)>0,q(x)\geqslant 0$,所以由(3.6)知

$$(Ly,y)\geqslant 0.$$

若$(Ly,y)=0$,则(3.6)右端积分的被积函数恒为零.由 $p(x)y'^2(x)\equiv 0$,推出 $y'(x)\equiv 0$,因此 $y(x)\equiv$常数.根据条件(3.2)即知 $y(x)\equiv 0$.同矩阵中的正定矩阵相比较,称 L 为正算子.

泛函极值问题 在 $D(L)$中,求使泛函(3.4)取极小值的函数 $y_0(x)$,即求一 $y_0(x)\in D(L)$,使得对任意的 $y(x)\in D(L)$,恒有

$$J(y)\geqslant J(y_0).$$

定理 3.1(等价性) *$y_0(x)$是边值问题(3.1)(3.2)的解的充要条件是:$y_0(x)$是泛函(3.4)在 $D(L)$中的极小函数.*

证明 先证必要性.设 $y_0(x)$是边值问题(3.1)(3.2)的解,即 $Ly_0=f(x)$且满足(3.2),于是

$$\begin{aligned}J(y)&=(Ly,y)-2(y,f)=(Ly,y)-2(y,Ly_0)\\&=(L(y-y_0),y-y_0)+(Ly,y_0)+(Ly_0,y)-(Ly_0,y_0)-2(y,Ly_0)\\&=(L(y-y_0),y-y_0)-(Ly_0,y_0),\end{aligned}$$

因为 L 是正算子,所以当 $y(x)\neq y_0(x)$时,由上式有

$$\begin{aligned}J(y)&>-(Ly_0,y_0)=(Ly_0,y_0)-2(Ly_0,y_0)\\&=(Ly_0,y_0)-2(y_0,Ly_0)=(Ly_0,y_0)-2(y_0,f(x))=J(y_0),\end{aligned}$$

即 $y_0(x)\in D(L)$ 使 $J(y)$ 取极小.

再证明充分性.设 $y_0(x)$ 是 $J(y)$ 在 $D(L)$ 中的极小函数,对任一 $\eta(x)\in D(L)$ 及参数 λ,因为 $y_0+\lambda\eta\in D(L)$,L 是对称算子,所以由

$$J(y_0+\lambda\eta)\geqslant J(y_0)$$

及

$$\begin{aligned}J(y_0+\lambda\eta)&=(Ly_0+\lambda L\eta,y_0+\lambda\eta)-2(y_0+\lambda\eta,f)\\&=(Ly_0,y_0)-2(y_0,f)+\lambda(Ly_0,\eta)+\\&\quad\lambda(L\eta,y_0)+\lambda^2(L\eta,\eta)-2\lambda(\eta,f)\\&=J(y_0)+2\lambda(Ly_0-f,\eta)+\lambda^2(L\eta,\eta),\end{aligned}$$

得

$$2\lambda(Ly_0-f,\eta)+\lambda^2(L\eta,\eta)\geqslant 0.$$

上式左端作为 λ 的二次多项式,其判别式

$$(Ly_0-f,\eta)^2-0\cdot(L\eta,\eta)\leqslant 0,$$

即对任一 $\eta(x)\in D(L)$,有

$$(Ly_0-f,\eta)=\int_a^b[Ly_0(x)-f(x)]\eta(x)\mathrm{d}x=0,$$

采用变分法基本引理的证明方法,由此推出

$$Ly_0(x)-f(x)\equiv 0\quad(x\in[a,b]),$$

即 $y_0(x)$ 是方程 $Ly(x)=f(x)$ 的解,充分性成立. □

3.2 泛函极值问题的近似解法

作为本章结束,我们介绍泛函极值问题的近似解法——里茨(Ritz)方法.

考虑边值问题

$$\begin{cases}Ly\equiv-\dfrac{\mathrm{d}}{\mathrm{d}x}[p(x)y'(x)]+q(x)y(x)=f(x)\quad(0<x<1), & (3.7)\\ y(0)=0,\quad y(1)=0, & (3.8)\end{cases}$$

其中 $p(x),p'(x),q(x)$ 和 $f(x)$ 在 $[0,1]$ 上连续,且 $p(x)>0,q(x)\geqslant 0$. 根据定理 3.1,边值问题(3.7)(3.8)的解等价于在函数类

$$D(L)=\{y(x)\mid y(x)\in C^2[0,1],y(0)=y(1)=0\}\tag{3.9}$$

中求泛函

$$\begin{aligned}J(y)&=(Ly,y)-2(y,f)\\&=\int_0^1[p(x)y'^2(x)+q(x)y^2(x)-2y(x)f(x)]\mathrm{d}x\end{aligned}\tag{3.10}$$

的极小函数.

下面以泛函(3.10)的极小问题为例,介绍里茨在1908年提出的构造极小函数列的方法,通常称为里茨方法.

n 次近似解　若函数列

$$\varphi_1(x),\varphi_2(x),\cdots,\varphi_n(x),\cdots$$

满足条件:

(1) $\varphi_k(x)\in D(L)\quad(k=1,2,\cdots)$;

(2) 任何有限个函数组线性无关,

则称该函数列为**坐标函数系**.

若记

$$M_n=\left\{y_n(x)\mid \alpha_1,\alpha_2\cdots,\alpha_n\text{ 为实数},y_n(x)=\sum_{k=1}^{n}\alpha_k\varphi_k(x)\right\},\tag{3.11}$$

则函数族 M_n 是坐标函数系 $\{\varphi_n(x)\}$ 前 n 个函数 $\varphi_1(x),\varphi_2(x),\cdots,\varphi_n(x)$ 的线性组合生成的函数族.

考虑泛函 $J(y)$ 在函数族 M_n 上的极小问题,将 $y_n(x)$ 代入 $J(y)$ 得

$$\begin{aligned}J(y_n)&=\int_0^1[p(x)y_n'^2(x)+q(x)y_n^2(x)-2y_n(x)f(x)]\mathrm{d}x\\&=\sum_{k,s=1}^{n}\alpha_{k,s}\alpha_k\alpha_s-2\sum_{k=1}^{n}\beta_k\alpha_k,\end{aligned}\tag{3.12}$$

这是变量 $\alpha_1,\alpha_2,\cdots,\alpha_n$ 的函数,记成 $\varphi(\alpha_1,\alpha_2,\cdots,\alpha_n)$,即

$$\varphi(\alpha_1,\alpha_2,\cdots,\alpha_n)=J(y_n),\tag{3.13}$$

其中 $\alpha_{k,s},\beta_k$ 由下式确定

$$\alpha_{k,s}=\alpha_{s,k}=\int_0^1[p(x)\varphi_k'(x)\varphi_s'(x)+q(x)\varphi_k(x)\varphi_s(x)]\mathrm{d}x,$$

$$\beta_k=\int_0^1 f(x)\varphi_k(x)\mathrm{d}x,$$

于是在函数族 M_n 中求泛函 $J(y)$ 的极小函数,等价于求 n 元函数 $J(y_n)$ 的极小值点.

可以证明 $\varphi(\alpha_1,\alpha_2,\cdots,\alpha_n)$ 有且只有一个极小值点 $(\alpha_1^{(n)},\alpha_2^{(n)},\cdots,\alpha_n^{(n)})$,而且这个极小值点 $(\alpha_1^{(n)},\alpha_2^{(n)},\cdots,\alpha_n^{(n)})$ 可按下述方式求得.

将 $\varphi(\alpha_1,\alpha_2,\cdots,\alpha_n)$ 对 $\alpha_1,\alpha_2,\cdots,\alpha_n$ 分别求导并令其为零,即得关于 $\alpha_1,\alpha_2,\cdots,\alpha_n$ 的代数方程组

$$\sum_{k=1}^{n}\alpha_{k,s}\alpha_k-\beta_k=0\quad(s=1,2,\cdots,n),\tag{3.14}$$

可以证明方程组(3.14)有唯一解 $(\alpha_1^{(n)},\alpha_2^{(n)},\cdots,\alpha_n^{(n)})$,它就是 $\varphi(\alpha_1,\alpha_2,\cdots,\alpha_n)$ 的唯一极小值点.

于是,对任何 n 元数组$(\alpha_1,\alpha_2,\cdots,\alpha_n)$,只要

$$(\alpha_1,\alpha_2,\cdots,\alpha_n)\neq(\alpha_1^{(n)},\alpha_2^{(n)},\cdots,\alpha_n^{(n)}),$$

总有

$$\varphi(\alpha_1^{(n)},\alpha_2^{(n)},\cdots,\alpha_n^{(n)})<\varphi(\alpha_1,\alpha_2,\cdots,\alpha_n). \tag{3.15}$$

若令

$$\bar{y}_n(x)=\sum_{k=1}^{n}\alpha_k^{(n)}\varphi_k(x), \tag{3.16}$$

则由(3.13)(3.15),得到

$$J(\bar{y}_n)<J(y_n).$$

这说明,由(3.16)定义的函数$\bar{y}_n(x)$,是泛函 $J(y)$ 在函数族 $M_n\subset D(L)$ 中的唯一极小函数,称它为 $J(y)$ 在 $D(L)$ 上的极小问题解的第 n 次近似解.

近似解序列及其性质 对于每一个 n,按照上述的方式可以作出一个第 n 次近似解$\bar{y}_n(x)$,这样我们就得到 $J(y)$ 在 $D(L)$ 中的一个近似解序列

$$\bar{y}_1(x),\bar{y}_2(x),\cdots,\bar{y}_n(x),\cdots,$$

因为当 n 增大时,函数族 M_n 扩大,所以 $J(y)$ 在函数族 M_n 上的极小函数就必随 n 的增大而单调递减,即

$$J(y_n)\geqslant J(y_{n+1})\quad(n=1,2,\cdots).$$

可以证明边值问题(3.7)(3.8)的解 $y_0(x)$ 存在.根据定理 3.1,$y_0(x)$ 是泛函(3.10)在 $D(L)$ 中的极小函数,所以 $\inf\limits_{y\in D(L)}J(y)=J(y_0)=\mu$ 存在,并且有

$$J(\bar{y}_n)\geqslant J(y_0)=\mu\quad(n=1,2,\cdots),$$

即单调递减数列$\{J(\bar{y}_n)\}$下方有界,故$\lim\limits_{n\to\infty}J(\bar{y}_n)$存在,并且

$$\lim_{n\to\infty}J(\bar{y}_n)\geqslant\mu=J(y_0),$$

我们自然希望序列 $\bar{y}_n(x)$ 为 $J(y)$ 的一极小化序列,即

$$\lim_{n\to\infty}J(\bar{y}_n)=\mu.$$

如果坐标函数数列 $\varphi_k(x)$ 具有性质:对[0,1]上的任一连续可微函数 $y(x)$ 及任意的 $\varepsilon>0$,恒存在线性组合 $\sum\limits_{k=1}^{m}h_k\varphi_k(x)$,使得当 $0\leqslant x\leqslant 1$ 时,有

$$\left|y(x)-\sum_{k=1}^{m}h_k\varphi_k(x)\right|<\varepsilon,\quad\left|y'(x)-\sum_{k=1}^{m}h_k\varphi'_k(x)\right|<\varepsilon, \tag{3.17}$$

那么称坐标函数系$\{\varphi_k(x)\}$是**完全的**.

可以证明:若$\{\varphi_k(x)\}$是完全坐标系,则按前面方法作出的近似解序列$\{\bar{y}_n(x)\}$必为 $J(y)$ 的一极小化序列.因此运用里茨方法作极小化序列,最重要的事情之一就是完全坐标系的选取,这种完全系确定是存在的,例如

$$\varphi_k(x)=\sin k\pi x \quad (k=1,2,\cdots),$$
$$\varphi_k(x)=(1-x)x^k \quad (k=1,2,\cdots),$$
它们满足边值条件(3.8).至于连续可微、线性无关等性质是明显的.

还可以证明,$J(y)$的任一极小化序列$\{\overline{y}_n(x)\}$,必在$[0,1]$上一致收敛于其极小问题的解$y_0(x)$.

这就是泛函极值问题的里茨近似解法,也是泛函极值问题的经典近似解法之一.

习　题　七

1. 求下列泛函的极值函数:

(1) $J(y)=\int_0^{\frac{\pi}{2}}[(y')^2-y^2]\mathrm{d}x, y(0)=0, y\left(\frac{\pi}{2}\right)=1.$

(2) $J(y)=\int_0^1[(y')^2+12xy]\mathrm{d}x, y(0)=0, y(1)=1.$

(3) $J(y)=\int_{x_1}^{x_2}\frac{\sqrt{1+(y')^2}}{x}\mathrm{d}x.$

(4) $J(y)=\int_{x_1}^{x_2}\frac{1+y^2}{(y')^2}\mathrm{d}x.$

2. 证明平面上两点$A(x_1,y_1)$,$B(x_2,y_2)$间的曲线以直线段为最短.

3. (最小旋转曲面问题)在端点为$A(x_1,y_1)$,$B(x_2,y_2)$的所有(二次连续可微的)曲线$y=y(x)$中,求一曲线使它绕x轴旋转时,所得曲面的面积最小.

4. 设泛函

$$J(y)=\int_a^b F(x,y,y',y'')\mathrm{d}x$$

的定义域为

$$D(J)=\{y\mid y\in C^4[a,b], y(a)=y_0, y(b)=y_1, y'(a)=\alpha, y'(b)=\beta\},$$

其中F对x,y,y',y''有连续的三阶偏导数.若$y_0(x)\in D(J)$是泛函的极值函数,证明$y_0(x)$满足方程

$$F_y(x,y,y',y'')-\frac{\mathrm{d}}{\mathrm{d}x}F_{y'}(x,y,y',y'')+\frac{\mathrm{d}^2}{\mathrm{d}x^2}F_{y''}(x,y,y',y'')=0.$$

5. 求下列泛函的极值函数:

(1) $J(y)=\int_0^{\frac{\pi}{2}}[(y'')^2-y^2+x^2]\mathrm{d}x,$

$y(0)=1, y'(0)=0, y\left(\frac{\pi}{2}\right)=0, y'\left(\frac{\pi}{2}\right)=-1.$

(2) $J(y)=\int_{-l}^{l}\left[\frac{1}{2}\mu(y'')^2+\rho y\right]\mathrm{d}x,$

$y(-l)=0, y'(-l)=0, y(l)=0, y'(l)=0$,其中$\mu,\rho$为常数.

6. 求泛函

$$J(y)=\int_0^{\pi}[(y')^2-y^2]\mathrm{d}x$$

在条件

$$\int_0^{\pi}y(x)\mathrm{d}x=1,\quad y(0)=0,\quad y(\pi)=1$$

下的极值函数.

7. 设(1) $F(x,y,y')$,$G_1(x,y,y')$,$G_2(x,y,y')$有连续的二阶偏导数;(2) $M=\{y\mid y\in C^2[a,b],y(a)=\alpha,y(b)=\beta\}$.证明:如果 $y=y_0(x)\in M$ 是泛函

$$J(y)=\int_a^b F(x,y,y')\mathrm{d}x$$

在等周条件

$$\int_a^b G_1(x,y,y')\mathrm{d}x=l_1,\quad \int_a^b G_2(x,y,y')\mathrm{d}x=l_2$$

下的极值函数,则存在常数 λ,μ,使得函数

$$L(x,y,y')=F(x,y,y')+\lambda G_1(x,y,y')+\mu G_2(x,y,y')$$

满足欧拉方程

$$L_y(x,y,y')-\frac{\mathrm{d}}{\mathrm{d}x}L_{y'}(x,y,y')=0.$$

8. 求泛函

$$J(y)=\int_0^a\frac{\sqrt{1+(y')^2}}{y}\mathrm{d}x$$

之满足 $y(0)=0$、$y(a)$为任意的极值函数.

9. 已知边值问题

$$\begin{cases}Ly=-y''+y=-x,\\ y(0)=0,y(1)=0.\end{cases}$$

(1) 写出与边值问题等价的变分问题.

(2) 已知$\{\sin k\pi x\}_1^{\infty}$ 是$[0,1]$上的一完全系,用里茨方法求边值问题的解.

(3) 设变分问题的近似解可用

$$y_n(x)=x(1-x)(\alpha_0+\alpha_1x+\cdots+\alpha_nx^n)$$

的形式求得,试用里茨方法求边值问题的零次、一次近似解.

第七章自测题

第八章 数学物理方程的有限差分法

在前面各章节中,我们介绍了求解数学物理问题显式解(或称严格解)的几种方法.注意到,前面所研究问题的方程是简单的,且所讨论的有界区域边界是规则的.然而,对于实际生活中许多问题,其方程是较复杂的,区域边界是不规则的,对于这种问题,要想求出其显式解是很困难的.因此,人们就试着求其**近似解**(也称**数值解**),求近似解的方法就称为**近似解法**.本章将介绍一种常用的近似解法——**有限差分法**,此方法所求的解与前面介绍的显式解有着本质不同,但在实际应用中却十分重要.

此外,近似解法还有摄动法、模拟法等,本书将不予一一介绍.

§1 差分方程的构造

在很多实际工作中,我们只需通过数值表格大致表示出某个定解问题的解就足够了.有限差分法就是一种用数值表给出定解问题解的方法.其主要思想是用差商代替微商.

微商可表示为

$$u'(x)=\frac{\mathrm{d}u(x)}{\mathrm{d}x}=\lim_{\Delta x\to 0}\frac{\Delta u}{\Delta x}=\lim_{\Delta x\to 0}\frac{u(x+\Delta x)-u(x)}{\Delta x},$$

当 Δx 很小时,它可以近似地写为

$$\frac{\mathrm{d}u(x)}{\mathrm{d}x}\approx\frac{\Delta u(x)}{\Delta x}=\frac{u(x+\Delta x)-u(x)}{\Delta x},\tag{1.1}$$

即有限小的差分 Δu 与有限小的差分 Δx 的商,并称(1.1)为**差商**.

类似地,$u'(x)$还可以近似为

$$\frac{\mathrm{d}u(x)}{\mathrm{d}x}\approx\frac{\Delta u(x)}{\Delta x}=\frac{u(x)-u(x-\Delta x)}{\Delta x},\tag{1.2}$$

或者

$$\frac{\mathrm{d}u(x)}{\mathrm{d}x} \approx \frac{\Delta u(x)}{\Delta x} = \frac{u(x+\Delta x)-u(x-\Delta x)}{2\Delta x}. \tag{1.3}$$

相应地,二阶微商可看成差商再差商,即

$$\begin{aligned} u''(x) &= \frac{\mathrm{d}^2 u(x)}{\mathrm{d}x^2} = \lim_{\Delta x\to 0}\frac{u'(x+\Delta x)-u'(x)}{\Delta x} \\ &= \lim_{\Delta x\to 0}\frac{1}{\Delta x}\left[\frac{u(x+\Delta x)-u(x)}{\Delta x}-\frac{u(x)-u(x-\Delta x)}{\Delta x}\right] \\ &= \lim_{\Delta x\to 0}\frac{u(x+\Delta x)-2u(x)+u(x-\Delta x)}{(\Delta x)^2}, \end{aligned} \tag{1.4}$$

当 Δx 很小时,$u''(x)$ 可近似地写为二阶差商

$$\frac{u(x+\Delta x)-2u(x)+u(x-\Delta x)}{(\Delta x)^2}.$$

对于偏微分形式,写成差商形式与常微分形式是类似地.因而,对于一个偏微分方程我们可以通过这种近似把它写成差分方程的形式.如二维拉普拉斯方程

$$\frac{\partial^2 u}{\partial x^2}+\frac{\partial^2 u}{\partial y^2}=0,$$

可近似地写为

$$\frac{u(x+\Delta x,y)-2u(x,y)+u(x-\Delta x,y)}{(\Delta x)^2}+$$

$$\frac{u(x,y+\Delta y)-2u(x,y)+u(x,y-\Delta y)}{(\Delta y)^2}=0. \tag{1.5}$$

当然,这种近似所带来的误差总是存在的,但只要它所产生的误差不超出我们想要限制的范围,那么这种方法对我们所讨论的问题就是可行的.因此,这种解法一个重要的步骤是作**误差估计**.如对(1.5)的误差估计为:设函数 $u=u(x,y)$ 充分光滑,利用泰勒公式展开到四阶导数项,可得

$$u(x+\Delta x,y)-2u(x,y)+u(x-\Delta x,y)$$

$$=\left[u(x,y)+\frac{\partial u(x,y)}{\partial x}\Delta x+\frac{1}{2!}\frac{\partial^2 u(x,y)}{\partial x^2}(\Delta x)^2+\right.$$

$$\left.\frac{1}{3!}\frac{\partial^3 u(x,y)}{\partial x^3}(\Delta x)^3+\frac{1}{4!}\frac{\partial^4 u(\xi,y)}{\partial x^4}(\Delta x)^4\right]+$$

$$\left[u(x,y)-\frac{\partial u(x,y)}{\partial x}\Delta x+\frac{1}{2!}\frac{\partial^2 u(x,y)}{\partial x^2}(\Delta x)^2-\right.$$

$$\left.\frac{1}{3!}\frac{\partial^3 u(x,y)}{\partial x^3}(\Delta x)^3+\frac{1}{4!}\frac{\partial^4 u(\eta,y)}{\partial x^4}(\Delta x)^4\right]-2u(x,y)$$

$$=\frac{\partial^2 u(x,y)}{\partial x^2}(\Delta x)^2+\frac{1}{4!}\left[\frac{\partial^4 u(\xi,y)}{\partial x^4}+\frac{\partial^4 u(\eta,y)}{\partial x^4}\right](\Delta x)^4,$$

其中 $\xi=x+\theta_1\Delta x,\eta=x-\theta_2\Delta x(0<\theta_1,\theta_2<1)$.于是有

$$\frac{u(x+\Delta x,y)-2u(x,y)+u(x-\Delta x,y)}{(\Delta x)^2}=\frac{\partial^2 u(x,y)}{\partial x^2}+O((\Delta x)^2).$$

同样地,

$$\frac{u(x,y+\Delta y)-2u(x,y)+u(x,y-\Delta y)}{(\Delta y)^2}=\frac{\partial^2 u(x,y)}{\partial y^2}+O((\Delta y)^2).$$

因此,用方程(1.5)近似二维拉普拉斯方程,其截断误差(由用泰勒级数的前有限项代替无穷项而造成)为 $(\Delta x)^2+(\Delta y)^2$ 的数量级.若令 $\Delta x=\Delta y=h$,则截断误差为 h^2 的数量级.

完全类似地,一维热传导方程

$$\frac{\partial u}{\partial t}=a^2\frac{\partial^2 u}{\partial x^2}$$

可以用差分方程

$$\frac{u(x,t+\Delta t)-u(x,t)}{\Delta t}=a^2\frac{u(x+\Delta x,t)-2u(x,t)+u(x-\Delta x,t)}{(\Delta x)^2} \tag{1.6}$$

近似,其截断误差为 $O(\Delta t)+O((\Delta x)^2)$.

一维波动方程

$$\frac{\partial^2 u}{\partial t^2}=a^2\frac{\partial^2 u}{\partial x^2}$$

可以用差分方程

$$\frac{u(x,t+\Delta t)-2u(x,t)+u(x,t-\Delta t)}{(\Delta t)^2}=a^2\frac{u(x+\Delta x,t)-2u(x,t)+u(x-\Delta x,t)}{(\Delta x)^2} \tag{1.7}$$

近似,其截断误差为 $O((\Delta x)^2+(\Delta t)^2)$.

在接下来的三节内容里,我们分别讲解如何用有限差分法求解差分方程(1.5)(1.6)和(1.7)的定解问题.

§2 调和方程的差分格式

这一节,我们用有限差分法求解调和方程狄利克雷问题

$$\begin{cases}\dfrac{\partial^2 u}{\partial x^2}+\dfrac{\partial^2 u}{\partial y^2}=0, & (2.1)\\ u\mid_{\Gamma}=f, & (2.2)\end{cases}$$

其中方程(2.1)的求解区域为一闭曲线 Γ 所围成的区域 Ω(如图 8.1).设 Γ 分段光滑,f 在 Γ 上是给定的连续函数.

为方便起见,把求解区域 Ω 设为单位矩形$\{0\leqslant x\leqslant 1,0\leqslant y\leqslant 1\}$(如图 8.2).下面分两步来完成有限差分法:

(1) 取步长 $h=\dfrac{1}{n}$($n>0$ 整数),用 $x=ih(i=0,1,\cdots,n)$ 及 $y=jh(j=0,1,\cdots,n)$这些平行于坐标轴的直线在区域上画出网格.直线的交点称为**节点**,其坐标为$(x,y)=(ih,jh)$,简记为$(x_i,y_j)$$(i,j=0,1,\cdots,n)$.近似处理的第一步是:不直接去求解 $u=u(x,y)$,而是求在节点上解的近似值$u_{ij}(i,j=0,1,\cdots,n)$.注意到当步长 h 越小,网格分布就越窄,从而就会获得关于解 $u(x,y)$越多的信息.因此,就将求区域 Ω 上的一个未知函数的问题化为求在节点上解的近似值问题,此问题只需求有限个未知数.从而利用有限差分法将一个无限维问题转化为一个有限维问题.

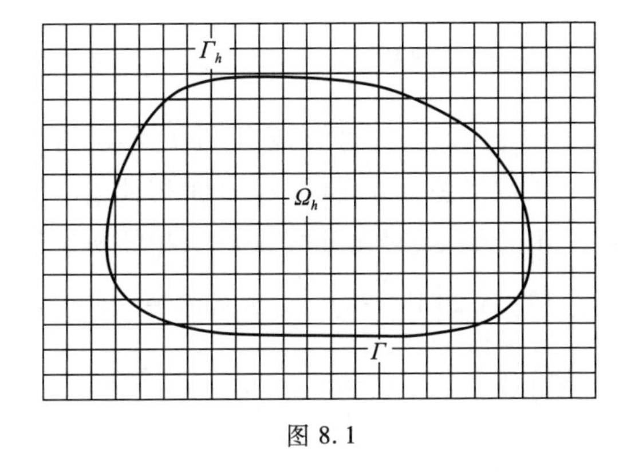

图 8.1

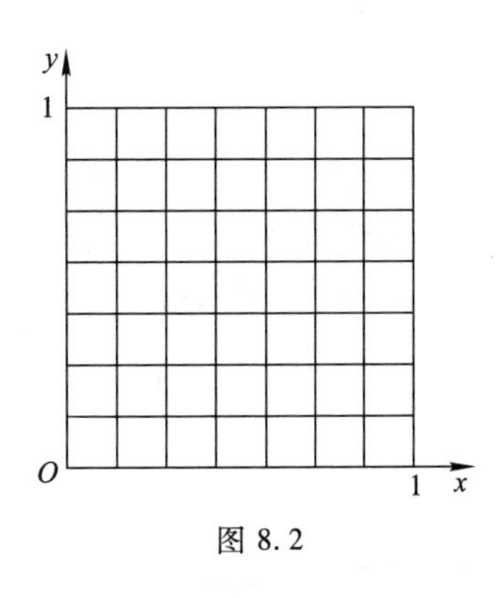

图 8.2

(2) 近似处理的第二步:用差商代替微商,即将微分方程转化为差分方程.在本章 §1 中已经介绍了几种差分格式,我们可以根据具体情况选取适当的格式,然后采用迭代法求解.

关于狄利克雷问题(2.1)(2.2),考虑其任一不落在边界 Γ 上的节点(称为内节点)(x_i,y_j)(如图 8.3),用 $V_{i,j}$表示解在节点(x_i,y_j)处的近似值,则 $V_{i,j}$应满足方程(1.5),(1.5)又可写为

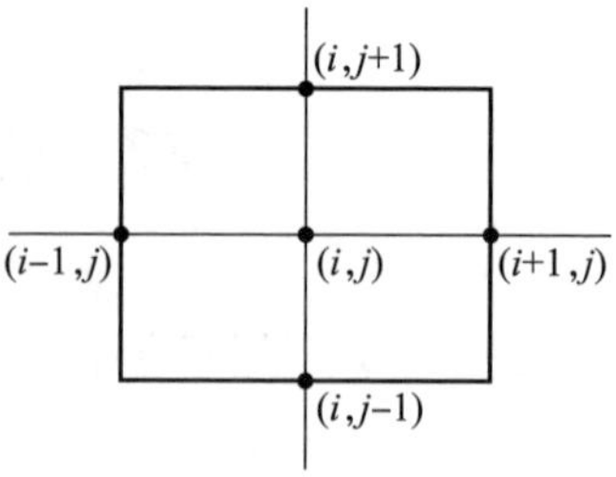

$$\frac{V_{i+1,j}-2V_{i,j}+V_{i-1,j}}{h^2}+\frac{V_{i,j+1}-2V_{i,j}+V_{i,j-1}}{h^2}=0, \tag{2.3}$$

图 8.3

整理后可得

$$V_{i,j}=\frac{1}{4}(V_{i+1,j}+V_{i,j-1}+V_{i-1,j}+V_{i,j+1}). \tag{2.4}$$

(2.4)表明,任一内节点(x_i,y_j)上解的值等于其周围四个相邻节点上解的值的算术平均值.下面采用迭代法求近似解.

最简单的迭代方式是**同步迭代法**(相应地,还有异步迭代法),即首先任意给定在网格区域内节点(x_i,y_j)上的数值作为解的零次近似$\{U_{i,j}^{(0)}\}$,把这组数值代入(2.4)的右端可得

$$V_{i,j}^{(1)}=\frac{1}{4}[V_{i+1,j}^{(0)}+V_{i,j+1}^{(0)}+V_{i-1,j}^{(0)}+V_{i,j-1}^{(0)}].$$

将 $V_{i,j}^{(1)}$ 作为解的一次近似,右端四个函数若有落在边界节点上,则其值以相应的边界条件中已知函数值 $f(x_i^*,y_j^*)$ 代入.如此迭代 k 次之后,可得

$$V_{i,j}^{(k+1)}=\frac{1}{4}[V_{i+1,j}^{(k)}+V_{i,j+1}^{(k)}+V_{i-1,j}^{(k)}+V_{i,j-1}^{(k)}], \tag{2.5}$$

这样就得到一个近似解序列$\{V_{i,j}^{(k)}\}$($k=0,1,2,\cdots$).可以证明:不论零次近似$\{V_{i,j}^{(0)}\}$如何选取,当 $k\to\infty$ 时,此序列必收敛于差分方程(2.4)的解.因此当 k 充分大时,$\{V_{i,j}^{(k)}\}$就给出了所要求的近似值.一般地,对充分大的 k,当相邻两次迭代解 $V_{i,j}^{(k-1)}$,$V_{i,j}^{(k)}$ 间的误差$\left(\text{如最大绝对误差 } \max\limits_{i,j}\left|V_{i,j}^{(k)}-V_{i,j}^{(k-1)}\right| \text{ 或算术平均值误差 } \frac{1}{N}\sum\limits_{i,j}\left|V_{i,j}^{(k)}-V_{i,j}^{(k-1)}\right|\text{,其中 } N \text{ 为节点总数}\right)$小于某个预先给定的适当小的控制数 ε,就可结束迭代过程.

可以看到,采用有限差分法的好处是对规则形状的区域列计算格式较简单,但当求解区域 Ω 具有比较复杂的形状时(如图 8.1),我们只能通过网格边界接近区域边界,从而减少误差.因此对于不规则的区域,不一定非得用正方形,我们可以用

矩形网格、平行四边形网格、正六边形网格等.而且采用同一种方形网格,所得差分方程也不一定只有一种形式.此外差分方程的解法也有多种,上述迭代法只不过是其中的一种方法,有兴趣的读者可以参阅相关的计算方法方面的书籍.

§3 热传导方程的差分格式

在这一节,我们以有限差分法求解一维热传导方程的初边值问题

$$\begin{cases}\dfrac{\partial u}{\partial t}=a^2\dfrac{\partial^2 u}{\partial x^2}, & 0<x<l,0<t<T,\\ u\big|_{t=0}=\varphi(x), & 0\leqslant x\leqslant l,\\ u\big|_{x=0}=\mu_1(t),u\big|_{x=l}=\mu_2(t), & 0\leqslant t\leqslant T\end{cases}\tag{3.1}$$

为例,介绍一种被称为显式差分格式的差分方法.

为了保证解的连续性,所给边值条件必须满足相容条件 $\varphi(0)=\mu_1(0)$, $\varphi(l)=\mu_2(0)$.以下介绍**显式差分格式**.

首先,在(3.1)的求解区域 $\Omega_T(0\leqslant x\leqslant l,t\geqslant 0)$ 上作矩形网格(如图 8.4).在 x 轴上以步长 $\Delta x=\dfrac{l}{J}$(J 是一正整数)把 $[0,l]$ 区间 J 等分,关于各分点作平行于 t 轴的网格线.在 t 轴以步长 Δt 作平行于 x 轴的网格线. 直线的交点 $(x_i,t_j)=(i\Delta x,j\Delta t)$ 称为网格节点.

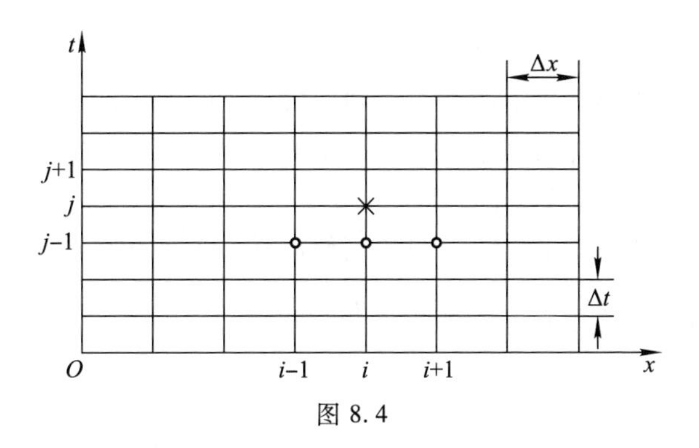

图 8.4

在网格的内节点 (x_i,t_j) 处分别用

$$\frac{u(x_i,t_j)-u(x_i,t_j-\Delta t)}{\Delta t},$$

$$\frac{u(x_i+\Delta x,t_j-\Delta t)-2u(x_i,t_j-\Delta t)+u(x_i-\Delta x,t_j-\Delta t)}{(\Delta x)^2}$$

近似替换

$$\frac{\partial u}{\partial t},\quad \frac{\partial^2 u}{\partial x^2},$$

于是(3.1)中的微分方程化为下面的差分方程：

$$\frac{V_{i,j}-V_{i,j-1}}{\Delta t}=a^2\frac{V_{i+1,j-1}-2V_{i,j-1}+V_{i-1,j-1}}{(\Delta x)^2}$$
$$\left(i=1,2,\cdots,J;\quad j=1,2,\cdots,\left[\frac{T}{\Delta t}\right]\right),\tag{3.2}$$

其中 $V_{i,j}$表示解 $u(x,t)$在节点(x_i,t_j)的近似值.(3.2)中的初值条件与边值条件各自代为边界节点上的初值条件与边值条件

$$\begin{cases}V_{i,0}=\varphi(x_i),\\ V_{0,j}=\mu_1(t_j),\quad V_{J,j}=\mu_2(t_j),\end{cases}\tag{3.3}$$

从而,求解定解问题(3.1)就转化为求方程组(3.2)在条件(3.3)下的解.记

$$\lambda=a^2\frac{\Delta t}{(\Delta x)^2},$$

则方程组(3.2)可改写为

$$V_{i,j}=\lambda(V_{i-1,j-1}+V_{i+1,j-1})+(1-2\lambda)V_{i,j-1}.\tag{3.4}$$

它表明,第j排上任一内节点的值仅依赖于第$j-1$排上相邻三个节点上的值(如图8.4).

由(3.4)可以清楚看出:它的解可以按t增加的方向逐排求出,即利用初边值条件(3.3)可以求出第0排上的值$V_{i,0}$;利用(3.4)可以求出第一排上的值$V_{i,1}$;然后由$V_{i,1}$和边值条件$V_{0,1}=\mu_1(t_1)$,$V_{J,1}=\mu_2(t_1)$,再利用(3.4)在$j=2$的情形计算出$V_{i,2}$.如此逐步进行下去,可以求出所有内节点处的值$V_{i,j}$.

可以证明(见参考文献[6]),只要定解问题(3.1)的解$u(x,t)$在区域Ω_T中存在且连续,且具有有界的偏导数$\frac{\partial^2 u}{\partial t^2},\frac{\partial^4 u}{\partial x^4}$,则当

$$\lambda\leqslant\frac{1}{2}$$

时,差分方程(3.4)是稳定的①,且它的解V收敛于原定解问题的解u.

① 当差分方程的解由于截断误差的影响产生的偏差可以得到控制时,则称此差分方程为稳定的.

§4 波动方程的差分格式

在这一节,我们用有限差分法求解以下一维波动方程的初边值问题:

$$\begin{cases}\dfrac{\partial^2 u}{\partial t^2}=a^2\dfrac{\partial^2 u}{\partial x^2}, & 0<x<l,\quad 0<t<T,\\ u\big|_{t=0}=\varphi(x),\quad \dfrac{\partial u}{\partial t}\Big|_{t=0}=\psi(x), & 0\leqslant x\leqslant l,\\ u\big|_{x=0}=u\big|_{x=l}=0, & 0\leqslant t\leqslant T,\end{cases}\tag{4.1}$$

为了保证解的连续性,初值条件必须满足相容性条件:$\varphi(0)=\varphi(l)=0$.

特别地,下面对问题(4.1)求解的基本思想及方法都可应用于其他各种情况.作两族平行线

$$x=x_i=i\Delta x\quad\left(i=0,1,2,\cdots,\left[\frac{l}{\Delta x}\right]\right),$$

$$t=t_j=j\Delta t\quad\left(j=0,1,2,\cdots,\left[\frac{T}{\Delta t}\right]\right),$$

在内节点$(x_i,t_j)\left(i=1,2,\cdots,\left[\frac{l}{\Delta x}\right]-1;j=1,2,\cdots,\left[\frac{T}{\Delta t}\right]\right)$上分别用

$$\frac{u(x_i,t_j+\Delta t)-2u(x_i,t_j)+u(x_i,t_j-\Delta t)}{(\Delta t)^2},$$

$$\frac{u(x_i+\Delta x,t_j)-2u(x_i,t_j)+u(x_i-\Delta x,t_j)}{(\Delta x)^2}$$

近似替代$\dfrac{\partial^2 u}{\partial t^2}$和$\dfrac{\partial^2 u}{\partial x^2}$,并记$\lambda=a\dfrac{\Delta t}{\Delta x}$,则(4.1)中的微分方程可化为

$$\begin{gathered}V_{i,j+1}=\lambda^2(V_{i-1,j}+V_{i+1,j})+2(1-\lambda^2)V_{i,j}-V_{i,j-1}\\ \left(i=1,2,\cdots,\left[\frac{l}{\Delta x}\right]-1;\quad j=1,2,\cdots,\left[\frac{T}{\Delta t}\right]\right).\end{gathered}\tag{4.2}$$

(4.1)中的初边值条件分别转化为在边界节点上的初边值条件

$$\begin{cases}V_{i,0}=\varphi(x_i), & i=1,2,\cdots,\left[\dfrac{l}{\Delta x}\right]-1,\\ V_{i,1}-V_{i,0}=\psi(x_i)\Delta t, & \\ V_{0,j}=V_{\left[\frac{l}{\Delta x}\right],j}=0, & j=1,2,\cdots,\left[\dfrac{T}{\Delta t}\right],\end{cases}\tag{4.3}$$

这样就把求解定解问题(4.1)转化为在条件(4.3)下求解代数方程组(4.2).计算方法与热传导方程一样,将(4.3)中的初值条件及 $V_{0,1}=V_{\left[\frac{l}{\Delta x}\right],1}=0$ 代入(4.2),即可得到 $V_{i,2}\left(i=1,2,\cdots,\left[\dfrac{l}{\Delta x}\right]-1\right)$;然后用已知的 $V_{i,1}$ 及 $V_{i,2}$ 和边值条件 $V_{0,2}=V_{\left[\frac{l}{\Delta x}\right],2}=0$ 代入(4.2),即可求得 $V_{i,3}\left(i=1,2,\cdots,\left[\dfrac{l}{\Delta x}\right]-1\right)$;以此类推,可得定解问题(4.1)的近似解.

可以证明,当

$$\lambda=a\frac{\Delta t}{\Delta x}\leqslant 1$$

时,差分格式(4.2)和(4.3)不仅是稳定的,而且是收敛的.只要定解条件满足一定的光滑性,差分方程(4.2)(4.3)的解必收敛于原定解问题(4.1)的解.

习 题 八

1. 试列出热传导方程初边值问题

$$\begin{cases}u_t-a^2(x)u_{xx}=0, & 0<a_0\leqslant a(x),\\ u(x,0)=\varphi(x), \\ u(0,t)=u(1,t)=0\end{cases}$$

的显式差分格式.

2. 给定波动方程的显式差分格式

$$U_j^{n+1}=\lambda^2U_{j+1}^n+2(1-\lambda^2)U_j^n+\lambda^2U_{j-1}^n-U_j^{n-1},$$

问 α,β 满足什么条件时,$U_j^n=\alpha^n\beta^j$ 是它的解?

3. 记

$$(\delta^2U)_j^n=U_{j+1}^n-2U_j^n+U_{j-1}^n,$$

试求用差分格式

$$\frac{U_j^{n+1}-2U_j^n+U_j^{n-1}}{(\Delta t)^2}=a^2\frac{(\delta^2U)_j^{n+1}+(\delta^2U)_j^{n-1}}{2(\Delta x)^2}$$

来近似在节点 (x_j,t_n) 处的弦振动方程

$$u_{tt}=a^2u_{xx}$$

时产生的截断误差.

4. 试列出弦振动方程初边值问题

$$\begin{cases} u_{tt}=a^2u_{xx}+f(x,t), & 0<x<\pi, t>0, \\ u(x,0)=\varphi(x), u_t(x,0)=\psi(x), \\ u(0,t)=\mu_1(t), u(\pi,t)=\mu_2(t) \end{cases}$$

的显式差分格式(其中$f(x,t)$是已知函数).

第八章自测题

第九章
定解问题的适定性

§1　适定性的概念

在第一章中,我们从三个实际模型中推导出三个典型的数学物理方程及其相应的初值或边值条件,即三个方程的定解问题.我们的最终目的是想通过对这些定解问题的研究来对未知的时间和空间将会发生什么情况做一些判断和估测.所以定解问题提法的精确度直接影响着我们判断和估测的准确度.从第二章到第七章我们分别采用了不同的方法去求解这三类典型方程所对应的定解问题,并且求出了它们的显式解.在第八章,用有限差分法分别对这三类典型方程进行了分析,并求出了相应的近似解,可以证明在一定条件下近似解逼近原问题的解.然而,对于大部分稍微复杂一点的定解问题,我们不能希望通过前面的方法来求解出这些定解问题的显式解,或者说根本不知道这些问题的解到底有没有,即便有的话,也不知道解是否唯一、是否稳定.然而,这些方面又是我们检验一个定解问题提出得是否恰当,即是否符合实际情况所必不可少的,从而来确定出这些定解问题是否有进一步讨论的必要.

因此,对于形式上较复杂的定解问题,首先应该从解的存在性、唯一性和稳定性这几方面来考虑.我们把解的存在性、唯一性和稳定性统称为定解问题的**适定性**.下面分别阐述它们各自的意义.

(1) 存在性,即定解问题有解.

显然,如果定解条件太多,造成其中的部分条件相互矛盾,那么定解问题的解肯定不存在.例如,如果一方面要求弦的两端固定,另一方面又要求它的端点受到确定的外力作用,那么这两个条件就是互相矛盾的.

(2) 唯一性,即定解问题的解有且仅有一个.

一般来说,一个微分方程,如果它的定解条件没有或是不足的话,它的解是不唯一的.而实际生活告诉我们,一个合理的定解问题它的解总是唯一的.因此除了方程合理之外,定解条件也要恰到好处.

(3) 稳定性,即如果定解条件作微小变动时,解也相应地作微小的变动.

根据物理实际意义,我们知道事物状态的变化通常是连续的,如果定解条件作微小变动时,相应的解变动很大,就违背了自然规律,我们也称此定解问题是无实用价值的.实际中定解条件通常是利用实验获得或测量的,因此所得结果总有一定误差,如果因此而使解的变动很大,那么这种解显然不满足客观实际的要求.

如果一个定解问题的解是存在且唯一的,而且是稳定的,那么说这个定解问题提得正确或恰当,反之则不恰当.由此可见,对解的适定性进行分析可以帮助我们初步判定所提问题的合理性,对某类方程应该提哪类定解问题等.例如,我们可以先不直接求它的显式解,而是通过先验估计来讨论解的存在性;若存在解,再讨论其唯一性;最后,讨论稳定性.若上述三步中有一步不成立,则该问题的提法就是不恰当的,那么对于这样的定解问题也就没有研究的必要了.

下面为了叙述方便,我们仅以有界弦的自由振动问题为例分别讨论解的适定性的三个方面.

§2 古典解的存在性

在第二章,我们已经得到了有界弦的自由振动问题

$$\begin{cases} u_{tt}=a^2u_{xx}, & 0<x<l,t>0, & (2.1)\\ u(0,t)=0,u(l,t)=0, & t\geqslant 0, & (2.2)\\ u(x,0)=\varphi(x),u_t(x,0)=\psi(x), & 0\leqslant x\leqslant l & (2.3)\end{cases}$$

的傅里叶级数解为

$$u(x,t)=\sum_{n=1}^{\infty}u_n(x,t)=\sum_{n=1}^{\infty}\left(C_n\cos\frac{n\pi at}{l}+D_n\sin\frac{n\pi at}{l}\right)\sin\frac{n\pi x}{l}, \tag{2.4}$$

其中

$$\begin{cases} C_n=\dfrac{2}{l}\displaystyle\int_0^l\varphi(\xi)\sin\frac{n\pi\xi}{l}\mathrm{d}\xi,\\ D_n=\dfrac{2}{n\pi a}\displaystyle\int_0^l\psi(\xi)\sin\frac{n\pi\xi}{l}\mathrm{d}\xi.\end{cases}$$

显然,在形式上(2.4)既满足方程(2.1),又满足初边值条件(2.2)(2.3).然而这种验算只是“形式”上的,要想使解(2.4)真正满足定解问题(2.1)—

(2.3),还需要

$$\sum_{n=1}^{\infty} u_n, \sum_{n=1}^{\infty} \frac{\partial u_n}{\partial t}, \sum_{n=1}^{\infty} \frac{\partial u_n}{\partial x}, \sum_{n=1}^{\infty} \frac{\partial^2 u_n}{\partial t^2} \text{和} \sum_{n=1}^{\infty} \frac{\partial^2 u_n}{\partial x^2}$$

一致收敛.要想这些级数一致收敛,只要对初边值条件作如下限定:

(1) $\varphi(x) \in C^4[0,l], \psi(x) \in C^3[0,l]$;

(2) $\varphi(0)=\varphi(l)=\psi(0)=\psi(l)=\varphi''(0)=\varphi''(l)=0$.

下面给出这一事实的证明.

证明 由分部积分

$$\begin{aligned}
C_n &= \frac{2}{l}\int_0^l \varphi(\xi)\sin\frac{n\pi\xi}{l}\mathrm{d}\xi \\
&= \left.\left[\frac{2}{l}\frac{-1}{\frac{n\pi}{l}}\varphi(\xi)\cos\frac{n\pi\xi}{l}\right]\right|_0^l + \frac{2}{l}\frac{1}{\frac{n\pi}{l}}\int_0^l \varphi'(\xi)\cos\frac{n\pi\xi}{l}\mathrm{d}\xi \\
&= \left.\left[\frac{2}{l}\frac{1}{\left(\frac{n\pi}{l}\right)^2}\varphi'(\xi)\sin\frac{n\pi\xi}{l}\right]\right|_0^l - \frac{2}{l}\frac{1}{\left(\frac{n\pi}{l}\right)^2}\int_0^l \varphi''(\xi)\sin\frac{n\pi\xi}{l}\mathrm{d}\xi \\
&= \left.\left[\frac{2}{l}\frac{1}{\left(\frac{n\pi}{l}\right)^3}\varphi''(\xi)\cos\frac{n\pi\xi}{l}\right]\right|_0^l + \frac{2}{l}\frac{-1}{\left(\frac{n\pi}{l}\right)^3}\int_0^l \varphi^{(3)}(\xi)\cos\frac{n\pi\xi}{l}\mathrm{d}\xi \\
&= \left.\left[\frac{2}{l}\frac{-1}{\left(\frac{n\pi}{l}\right)^4}\varphi^{(3)}(\xi)\sin\frac{n\pi\xi}{l}\right]\right|_0^l + \frac{2}{l}\frac{1}{\left(\frac{n\pi}{l}\right)^4}\int_0^l \varphi^{(4)}(\xi)\sin\frac{n\pi\xi}{l}\mathrm{d}\xi,
\end{aligned}$$

故

$$|C_n| \leqslant \frac{1}{n^4}\frac{2l^3}{\pi^4}\int_0^l |\varphi^{(4)}(\xi)|\mathrm{d}\xi.$$

令

$$M_1 = \frac{2l^3}{\pi^4}\int_0^l |\varphi^{(4)}(\xi)|\mathrm{d}\xi,$$

则

$$|C_n| \leqslant \frac{M_1}{n^4}.$$

同理可得

$$|D_n| \leqslant \frac{M_2}{n^4},$$

其中 M_2 为某一常数，再令

$$M = M_1 + M_2,$$

则可得

$$\begin{aligned}\sum_{n=1}^{\infty} |u_n| &\leqslant \sum_{n=1}^{\infty} (|C_n| + |D_n|) \\ &\leqslant (M_1 + M_2) \sum_{n=1}^{\infty} \frac{1}{n^4} \\ &= M \sum_{n=1}^{\infty} \frac{1}{n^4},\end{aligned}$$

由于 $\sum\limits_{n=1}^{\infty} \frac{1}{n^4}$ 是收敛的，则 $\sum\limits_{n=1}^{\infty} u_n$ 是一致收敛的.

类似地可以证明

$$\sum_{n=1}^{\infty} \left|\frac{\partial u_n}{\partial t}\right| \leqslant \sum_{n=1}^{\infty} \frac{n\pi a}{l}(|C_n| + |D_n|) \leqslant \frac{\pi a}{l} M \sum_{n=1}^{\infty} \frac{1}{n^3},$$

$$\sum_{n=1}^{\infty} \left|\frac{\partial^2 u_n}{\partial t^2}\right| \leqslant \sum_{n=1}^{\infty} \left(\frac{n\pi a}{l}\right)^2 (|C_n| + |D_n|) \leqslant \left(\frac{\pi a}{l}\right)^2 M \sum_{n=1}^{\infty} \frac{1}{n^2},$$

$$\sum_{n=1}^{\infty} \left|\frac{\partial^2 u_n}{\partial x^2}\right| \leqslant \sum_{n=1}^{\infty} \left(\frac{n\pi}{l}\right)^2 (|C_n| + |D_n|) \leqslant \left(\frac{\pi}{l}\right)^2 M \sum_{n=1}^{\infty} \frac{1}{n^2},$$

由于 $\sum\limits_{n=1}^{\infty} \frac{1}{n^2}, \sum\limits_{n=1}^{\infty} \frac{1}{n^3}$ 是收敛的，故

$$\sum_{n=1}^{\infty} \frac{\partial u_n}{\partial t}, \quad \sum_{n=1}^{\infty} \frac{\partial^2 u_n}{\partial t^2}, \quad \sum_{n=1}^{\infty} \frac{\partial^2 u_n}{\partial x^2}$$

是一致收敛的. □

上面的证明表示，在初边值条件满足(1)(2)的条件下，级数解(2.4)确实是定解问题(2.1)—(2.3)的解，即此问题的古典解是存在的.

在证明过程中发现：为了完成证明，必须强加一些条件，如充分性条件(1)和(2)，这些条件都是很强的，即对函数本身有了很大限制；同时，由于级数收敛的速度一般是很慢的，这就给计算带来很大的不便. 但从级数解的形式上看，它反映了波动现象的驻波叠加的事实，这在物理上具有重要意义，而且解的级数形式也为数学理论研究提供了很大方便.

§3 古典解的唯一性和稳定性

这一节,我们来验证有界弦的自由振动问题(2.1)—(2.3)古典解的唯一性和稳定性.为了得到上述两个性质,我们先来了解一下研究波动问题最基本的理论——**能量积分**.

3.1 能量积分

在研究没有耗损力的力学问题中,能量守恒定律起了极其重要的作用.对于齐次弦振动问题,总能量由动能和势能两部分组成,它们分别可以表示为

$$K(t)=\frac{1}{2}\int_0^l \rho u_t^2 \mathrm{d}x \quad (\text{动能})$$

和

$$V(t)=\frac{1}{2}\int_0^l T u_x^2 \mathrm{d}x \quad (\text{势能}),$$

则弦振动的总能量

$$E(t)=K(t)+V(t),$$

并称之为一维齐次弦振动方程的**能量积分**.即在没有外力作用的情况下,能量积分为

$$E(t)=\frac{1}{2}\int_0^l \rho u_t^2 \mathrm{d}x+\frac{1}{2}\int_0^l T u_x^2 \mathrm{d}x. \tag{3.1}$$

对上述等式的两端关于 t 求导,可得

$$\begin{aligned}\frac{\mathrm{d}E(t)}{\mathrm{d}t}&=\rho\int_0^l u_t u_{tt}\mathrm{d}x+T\int_0^l u_x u_{xt}\mathrm{d}x\\&=\rho\int_0^l u_t u_{tt}\mathrm{d}x+(Tu_x u_t)\Big|_0^l-T\int_0^l u_t u_{xx}\mathrm{d}x,\end{aligned}$$

由边值条件(2.2)

$$u(0,t)=u(l,t)=0,$$

则

$$u_t(0,t)=u_t(l,t)=0.$$

于是

$$\frac{\mathrm{d}E(t)}{\mathrm{d}t}=\rho\int_0^l u_t u_{tt}\mathrm{d}x-T\int_0^l u_t u_{xx}\mathrm{d}x=\rho\int_0^l u_t(u_{tt}-a^2u_{xx})\mathrm{d}x,$$

由方程(2.1)可得

$$\frac{\mathrm{d}E(t)}{\mathrm{d}t}=0,$$

即

$$E(t)=\text{常数}, \tag{3.2}$$

(3.2)表明能量是守恒的.

3.2 古典解的唯一性

由上一节,我们已经知道定解问题(2.1)—(2.3)的古典解确实存在,接下来,我们研究它的唯一性.

在第四章,我们叙述调和函数的性质时,已经涉及解的唯一性的证明.下面我们作同样的假设,并根据 3.1 小节中的能量守恒这一事实来证明弦振动问题古典解的唯一性.

假设定解问题(2.1)—(2.3)有两个解 $u^{(1)}$ 和 $u^{(2)}$,则 $u^{(1)}$ 和 $u^{(2)}$ 分别满足(2.1)—(2.3),即

$$\begin{cases}u_{tt}^{(1)}=a^2u_{xx}^{(1)},\\ u^{(1)}(0,t)=u^{(1)}(l,t)=0,\\ u^{(1)}(x,0)=\varphi(x),u_t^{(1)}(x,0)=\psi(x),\end{cases}$$

$$\begin{cases}u_{tt}^{(2)}=a^2u_{xx}^{(2)},\\ u^{(2)}(0,t)=u^{(2)}(l,t)=0,\\ u^{(2)}(x,0)=\varphi(x),u_t^{(2)}(x,0)=\psi(x),\end{cases}$$

并令 $u=u^{(1)}-u^{(2)}$,则 u 应满足下列定解问题

$$\begin{cases}u_{tt}=a^2u_{xx},\\ u(0,t)=u(l,t)=0,\\ u(x,0)=u_t(x,0)=0.\end{cases} \tag{3.3}$$

如果能证明定解问题(3.3)只存在零解,即 $u\equiv 0$,也即 $u^{(1)}\equiv u^{(2)}$,那么就可得到原问题古典解的唯一性.

由于 $u(x,0)=0$,故

$$u_x(x,0)=0,$$

又由于 $u_t(x,0)=0$,故定解问题(3.3)的能量积分在 $t=0$ 时刻为

$$E(0)=\frac{1}{2}\int_0^l\rho u_t^2(x,0)\,\mathrm{d}x+\frac{1}{2}\int_0^l Tu_x^2(x,0)\,\mathrm{d}x=0\,.$$

由(3.2)可得

$$E(t)=0, \tag{3.4}$$

即

$$E(t)=\frac{1}{2}\int_0^l \rho u_t^2\mathrm{d}x+\frac{1}{2}\int_0^l Tu_x^2\mathrm{d}x=0,$$

由于 ρ, T 为大于零的常数，u_t^2, u_x^2 非负，则要想上面等式成立，只有

$$u_t=u_x=0,$$

即

$$u(x,t)=\text{常数},$$

由(3.3)的定解条件，可得

$$u(x,t)\equiv 0,$$

即

$$u^{(1)}(x,t)\equiv u^{(2)}(x,t).$$

这样，原问题古典解的唯一性就被证明了，这也蕴含了我们选取不同的方法对问题(2.1)—(2.3)求解所得的结论应是统一的.

3.3　古典解的稳定性

关于定解问题(2.1)—(2.3)的适定性，还剩下稳定性没有考虑，对其稳定性的研究可归结为以下定理 .

定理 3.1　有界弦的自由振动问题(2.1)—(2.3)的解 $u(x,t)$ 在下述意义下关于初始值 $\varphi(x), \psi(x)$ 是稳定的.即对任何给定 $\varepsilon>0$，一定可以找到仅依赖于 ε 和 T 的 $\eta>0$，只要

$$\int_0^l |\varphi^{(1)}-\varphi^{(2)}|^2\mathrm{d}x<\eta,\quad \int_0^l |\varphi_x^{(1)}-\varphi_x^{(2)}|^2\mathrm{d}x<\eta,$$

$$\int_0^l |\psi^{(1)}-\psi^{(2)}|^2\mathrm{d}x<\eta,$$

那么以 $\varphi^{(1)}(x), \psi^{(1)}(x)$ 为初值的解 $u^{(1)}$ 与以 $\varphi^{(2)}(x), \psi^{(2)}(x)$ 为初值的解 $u^{(2)}$ 之差在 $0\leqslant t\leqslant T$ 上满足

$$\int_0^l |u^{(1)}-u^{(2)}|^2\mathrm{d}x\leqslant\varepsilon,\quad \int_0^l |u_x^{(1)}-u_x^{(2)}|^2\mathrm{d}x\leqslant\varepsilon,$$

$$\int_0^l |u_t^{(1)}-u_t^{(2)}|^2\mathrm{d}x\leqslant\varepsilon .$$

证明　记 $u(x,t)=u^{(1)}(x,t)-u^{(2)}(x,t)$，则 $u(x,t)$ 满足

$$\begin{cases}u_{tt}=a^2u_{xx},\\ u\big|_{t=0}=\varphi^{(1)}(x)-\varphi^{(2)}(x),\\ u_t\big|_{t=0}=\psi^{(1)}(x)-\psi^{(2)}(x),\\ u(0,t)=u(l,t)=0.\end{cases}$$

令

$$\tilde{E}(t)=\int_0^l u^2(x,t)\,\mathrm{d}x,\tag{3.5}$$

对(3.5)两端关于 t 求导,可得

$$\frac{\mathrm{d}\tilde{E}(t)}{\mathrm{d}t}=2\int_0^l uu_t\mathrm{d}x\leqslant\int_0^l u^2\mathrm{d}x+\int_0^l u_t^2\mathrm{d}x$$

$$\leqslant\tilde{E}(t)+CE(t).$$

不妨设 $C\geqslant 1$,对上述不等式两边同乘 e^{-t},可得

$$\frac{\mathrm{d}}{\mathrm{d}t}\left[\mathrm{e}^{-t}\tilde{E}(t)\right]\leqslant C\mathrm{e}^{-t}E(t),$$

上式再从 0 到 t 积分,可得

$$\tilde{E}(t)\leqslant\mathrm{e}^t\tilde{E}(0)+C\mathrm{e}^t\int_0^t\mathrm{e}^{-\tau}E(\tau)\,\mathrm{d}\tau,\tag{3.6}$$

对(3.6)右端的积分式进行分部积分并利用 $E'(t)=0$ 的事实,可得

$$\int_0^t\mathrm{e}^{-\tau}E(\tau)\,\mathrm{d}\tau=-E(t)\mathrm{e}^{-t}+E(0),$$

代入到(3.6)中得

$$E(t)+\tilde{E}(t)\leqslant CE(t)+\tilde{E}(t)\leqslant\mathrm{e}^t\tilde{E}(0)+C\mathrm{e}^tE(0),$$

其中 C 仅依赖于 T.由上式可得定理结论成立. □

上述对于波动问题解的适定性论证,主要是利用波动方程的能量积分完成的.对于热传导方程以及调和方程,一般借助于极值原理来讨论相应定解问题的适定性.

习 题 九

1. 试用能量积分证明下列定解问题

$$\begin{cases}u_{tt}=a^2u_{xx}+f(x,t), & 0<x<l,t>0,\\ u(0,t)=\mu(t),u(l,t)=\nu(t), & t\geqslant 0,\\ u(x,0)=\varphi(x),u_t(x,0)=\psi(x), & 0\leqslant x\leqslant l\end{cases}$$

的解是唯一的,其中 $f(x,t)$ 为已知连续函数,$\mu(t)$,$\nu(t)$,$\varphi(x)$ 和 $\psi(x)$ 为充分光滑的已知函数.

2. 试证明热传导方程的初值问题

$$\begin{cases} u_t - a^2 u_{xx} = 0, \\ u(x,0) = \varphi(x) \end{cases}$$

的有界解是稳定的.

$\left(\text{提示:作辅助函数 } U = \dfrac{4M}{L^2}\left(\dfrac{x^2}{2} + a^2 t\right) + \delta.\right)$

3. 试证明初值问题

$$\begin{cases} u_t + u_{xx} = 0, \\ u(x,0) = \varphi(x) \end{cases}$$

的解是不稳定的.

$\left(\text{提示:} \begin{cases} u_t + u_{xx} = 0, \\ u(x,0) = \dfrac{\sin nx}{n} \end{cases} \text{的解为} \dfrac{1}{n} e^{2t} \sin nx \text{,其中 } n \text{ 为奇数.}\right)$

4. 考虑波动方程的第三类初值问题

$$\begin{cases} u_{tt} = a^2(u_{xx} + u_{yy}), & t>0, (x,y) \in \Omega, \\ u\big|_{t=0} = \varphi(x,y), u_t\big|_{t=0} = \psi(x,y), & (x,y) \in \overline{\Omega}, \\ \left(\dfrac{\partial u}{\partial n} + \sigma u\right)\Big|_{\Gamma} = 0, & t \geqslant 0, \end{cases}$$

其中 $\sigma>0$ 是常数,Γ 为 Ω 的边界,$\boldsymbol{n}$ 为 Γ 上的单位外法线向量.对于上述定解问题的解,定义能量积分

$$E(t) = \iint_{\Omega} [u_t^2 + a^2(u_x + u_y)] \mathrm{d}x\mathrm{d}y + a^2 \int_{\Gamma} \sigma u^2 \mathrm{d}s,$$

试证明 $E(t) \equiv$ 常数,并由此证明上述定解问题的唯一性.

第九章自测题

附录Ⅰ 一般形式的二阶线性常微分方程固有值问题的一些结论

考虑一般形式的二阶线性常微分方程

$$\frac{\mathrm{d}}{\mathrm{d}x}\left[k(x)\frac{\mathrm{d}y}{\mathrm{d}x}\right]-q(x)y+\lambda p(x)y=0,\quad a<x<b,\tag{Ⅰ.1}$$

容易验证:任何一个特殊的二阶线性常微分方程都可以由方程(Ⅰ.1)通过 $k(x)$,$q(x)$,$p(x)$ 取不同的函数化得.我们称方程(Ⅰ.1)为**施图姆-刘维尔(Sturm-Liouville)型方程**.

首先,对方程(Ⅰ.1)中的函数 $k(x)$,$q(x)$,$p(x)$ 作一些假定,设 $k(x)$ 及其一阶导数在闭区间 $[a,b]$ 上连续,当 $a<x<b$ 时,$k(x)>0$;非负函数 $q(x)$ 在闭区间 $[a,b]$ 上连续,否则在开区间 (a,b) 内连续而在区间的端点处有一阶极点;$p(x)$ 在 $[a,b]$ 上连续且 $p(x)>0$.在这样的一些条件下,求解关于方程(Ⅰ.1)的固有值问题就是在一些齐次边界条件或自然边界条件(就是形如 $|y(x_0)|<+\infty$ 的条件)下,求其非零解.

对于方程(Ⅰ.1)应该怎样提出它的边值条件?这与 $k(x)$ 在区间端点 $x=a$ 及 $x=b$ 处是否为零,若为零则哪一端为零有关.如,若 $k(a)k(b)\neq0$,则 $x=a$ 及 $x=b$ 处不需要加自然边界条件,这时所加的边值条件或者是在第二章分离变量法中叙述的三种典型的齐次边值条件中的一种,或者是加周期性条件;若 $k(a)=0$,$k(b)\neq0$(对于 $k(a)\neq0$,$k(b)=0$ 或者 $k(a)=k(b)=0$ 的情形是类似的),则在 $x=a$ 处要加自然边界条件,在 $x=b$ 处不加自然边界条件,此时边值条件的形式为

$$[\sigma y(x)+hy'(x)]\big|_{x=b}=0,\tag{Ⅰ.2}$$

$$|y(a)|<+\infty,\tag{Ⅰ.3}$$

其中常数 σ,h 可允许其中一个为零,即条件(Ⅰ.1)包括了三种类型的边值条件.

对于固有值问题(Ⅰ.1)—(Ⅰ.3)有如下结论:

(1) 存在无穷多个实的非负固有值,适当调换这些固有值的顺序,可使它们构成一个非减序列,即

$$0\leqslant\lambda_1\leqslant\lambda_2\leqslant\cdots\leqslant\lambda_n\leqslant\cdots,$$

对应的固有函数为

$$y_1(x),y_2(x),\cdots,y_n(x),\cdots.$$

(2) 设 $\lambda_m\neq\lambda_n$ 是任意两个不同的固有值,对应于这两个固有值的固有函数记作 $y_m(x),y_n(x)$,则

$$\int_a^b\rho(x)y_m(x)y_n(x)\,\mathrm{d}x=0,$$

即对应不同固有值的固有函数在$[a,b]$上以权函数 $\rho(x)$ 互相正交.

(3) 固有函数系$\{y_n(x)\}(n=1,2,\cdots)$在区间$[a,b]$上构成一个完备系,即任意一个在$[a,b]$上具有一阶连续导数及分段连续的二阶导数的函数 $f(x)$,只要它也满足固有函数中每个函数 $y_n(x)(n=1,2,\cdots)$所满足的边值条件,则一定可以将 $f(x)$ 按固有函数系展开成绝对且一致收敛的级数

$$f(x)=\sum_{n=1}^{\infty}f_ny_n(x),$$

其中

$$f_n=\frac{\int_a^b\rho(x)f(x)y_n(x)\,\mathrm{d}x}{\int_a^b\rho(x)y_n^2(x)\,\mathrm{d}x}.$$

以上三个结论的证明可参阅相关理论的书籍.

附录 II

Γ 函数的定义和基本性质

一、Γ 函数的定义

定义 我们称以 p 为参量的反常积分

$$\int_0^{\infty} e^{-x} x^{p-1} dx \quad (p > 0)$$

为 p 的 Γ 函数,并记为

$$\Gamma(p) = \int_0^{\infty} e^{-x} x^{p-1} dx,$$

其中当 $p>0$ 时,反常积分收敛.

二、Γ 函数的基本性质

1. 递推公式

$$\Gamma(p+1) = p\Gamma(p). \tag{Ⅱ.1}$$

证明 由定义,可得

$$\begin{aligned}\Gamma(p+1) &= \int_0^{\infty} e^{-x} x^{p} dx \\ &= -\int_0^{\infty} x^{p} de^{-x} \\ &= -x^{p} e^{-x} \Big|_0^{\infty} + p\int_0^{\infty} e^{-x} x^{p-1} dx,\end{aligned}$$

由 $p>0$,则

$$-x^{p} e^{-x} \Big|_0^{\infty} = 0,$$

故

$$\Gamma(p+1) = p\Gamma(p),$$

重复利用这个公式,可得

$$\Gamma(p) = (p-1)\Gamma(p-1) = (p-1)(p-2)\Gamma(p-2)$$

$$=(p-1)(p-2)\cdots(p-m)\Gamma(p-m). \tag{Ⅱ.2}$$

此式说明，自变量大于 1 时，Γ 函数值的计算可化为自变量小于 1 时 Γ 函数值的计算.

若 p 是整数，则由(Ⅱ.2)可得

$$\Gamma(p+1)=p(p-1)\cdots2\cdot1\cdot\Gamma(1),$$

又 $\Gamma(1)=\int_0^{\infty}\mathrm{e}^{-x}\mathrm{d}x=1$，故

$$\Gamma(p+1)=p!.$$

□

2. Γ 函数定义域的扩充

利用 Γ 函数的递推公式(Ⅱ.1)，可将 $\Gamma(p)$ 的定义域扩充到不含负整数的负数域上去，具体如下：

将(Ⅱ.1)改写为

$$\Gamma(p)=\frac{1}{p}\Gamma(p+1), \tag{Ⅱ.3}$$

若 $-1<p<0$，则 $0<p+1<1$.故等式右端的值被确定，这样 $-1<p<0$ 的 Γ 函数值也确定.再利用(Ⅱ.3)定义出 Γ 函数在 $-2<p<-1$ 内的值，这样重复下去，就可将 Γ 函数定义域扩充到不包含负整数的负数区域上去.

现在我们讨论在负整数处 Γ 函数的情况.由(Ⅱ.3)可得

$$\lim_{p\to0}\Gamma(p)=\lim_{p\to0}\frac{\Gamma(p+1)}{p}=\infty,$$

即当 $p\to0$ 时，$\Gamma(p)\to\infty$.由此我们还可得当 $p\to-1, p\to-2, \cdots, p\to-n$（$n$ 为正整数）时，$\Gamma(p)\to\infty$.从而我们可作这样的规定：当 $n=0,-1,-2,-3,\cdots$ 时

$$\frac{1}{\Gamma(n)}=0.$$

这样 Γ 函数在整个实数轴上的函数图像如图Ⅱ.1.

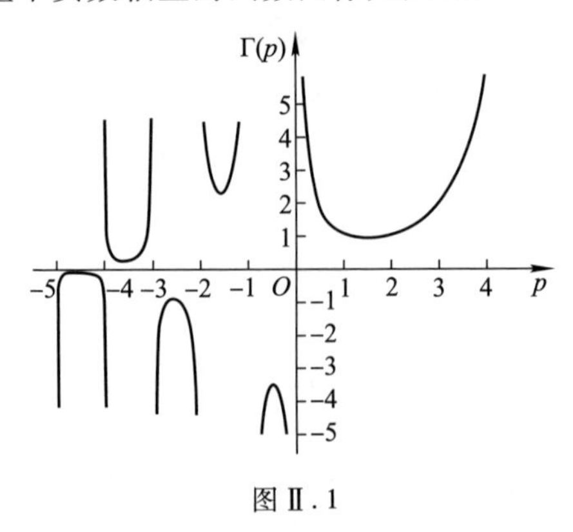

图Ⅱ.1

3. 当 $0<p<1$ 时

$$\Gamma(p)\Gamma(1-p)=\frac{\pi}{\sin p\pi}.$$

此性质的证明可参阅相关的书籍.

部分习题参考答案

习　题　一

2. $\begin{cases} u_t = a^2 u_{xx}, \\ u(x,0) = \dfrac{x(l-x)}{2}, \\ u\big|_{x=0} = 0, k\dfrac{\partial u}{\partial x}\Big|_{x=l} = q. \end{cases}$

3. $\dfrac{\partial N}{\partial t} = a^2 \Delta N.$

4. $\begin{cases} u_{tt} - a^2 u_{xx} = 0, \\ u\big|_{t=0} = 0, u_t\big|_{t=0} = \begin{cases} 0, & |x-A| > \delta, \\ \dfrac{I}{2\delta\rho}, & |x-A| < \delta \end{cases} \quad (\delta \to 0), \\ u\big|_{x=0} = u\big|_{x=l} = 0. \end{cases}$

5. $\begin{cases} u_{tt} = a^2 u_{xx}, \\ u\big|_{t=0} = \dfrac{L}{l}x, u_t\big|_{t=0} = 0, \\ u\big|_{x=0} = u_x\big|_{x=l} = 0. \end{cases}$

6. $u_{tt} - \dfrac{1}{2}\omega^2 [(l^2 - x^2) u_x]_x = 0.$

习　题　二

1. (1) $u(x,t) = A\cos\dfrac{5a\pi}{l}t\sin\dfrac{5\pi}{l}x.$

(2) $u(x,t) = \displaystyle\sum_{n=0}^{\infty}\left[\varphi_n\cos\frac{2n+1}{2l}\pi at + \frac{2l}{(2n+1)\pi a}\psi_n\sin\frac{2n+1}{2l}\pi at\right]\sin\frac{2n+1}{2l}\pi x,$

其中

$$\varphi_n=\frac{2}{l}\int_0^l\varphi(x)\sin\frac{2n+1}{2l}\pi x\mathrm{d}x,\quad n=0,1,2,\cdots,$$

$$\psi_n=\frac{4}{(2n+1)\pi a}\int_0^l\psi(x)\sin\frac{2n+1}{2l}\pi x\mathrm{d}x,\quad n=0,1,2,\cdots.$$

(3) $u(x,t)=\dfrac{C_0}{2}+\sum\limits_{n=1}^{\infty}C_n\mathrm{e}^{-\left(\frac{an\pi}{l}\right)^2t}\cos\dfrac{n\pi}{l}x,$

其中

$$C_0=\frac{2}{l}\int_0^l\varphi(x)\mathrm{d}x,$$

$$C_n=\frac{2}{l}\int_0^l\varphi(x)\cos\frac{n\pi}{l}x\mathrm{d}x,\quad n=1,2,\cdots.$$

2. (1) $u(x,t)=v(x,t)+\dfrac{A}{l}x\sin\omega t,$

其中

$$\begin{cases}v_{tt}=a^2v_{xx}+\dfrac{A\omega^2}{l}\sin\omega t,\\ v(0,t)=v(l,t)=0,\\ v(x,0)=0,\quad v_t(x,0)=-\dfrac{A\omega}{l}x.\end{cases}$$

(2) $u(x,t)=v(x,t)+Ax\sin\omega t,$

其中

$$\begin{cases}v_{tt}=a^2v_{xx}+A\omega^2x\sin\omega t,\\ v(0,t)=v_x(l,t)=0,\\ v(x,0)=0,\quad v_t(x,0)=-A\omega x.\end{cases}$$

(3) $u(x,t)=v(x,t)+\dfrac{1-(1+l)t}{l(2+l)}tx^2+t^2x,$

其中

$$\begin{cases}v_{tt}=a^2v_{xx}+\dfrac{2(1+l)}{l(2+l)}x^2-2x+\dfrac{2t}{l(2+l)}[1-(1+l)t],\\ v_x\big|_{x=0}=(v_x+v)\big|_{x+l}=0,\\ v\big|_{t=0}=0,\quad v_t\big|_{t=0}=-\dfrac{x^2}{l(2+l)}.\end{cases}$$

3. (1) $u(x,t)=A(x-1)\sin\omega t+\sum\limits_{n=0}^{\infty}T_n(t)\cos\omega_nx,$

其中

$$T_n(t)=\frac{2(-1)^n}{\omega_nl}\cos\omega_nt+\frac{2\omega A}{\omega_n^2l(\omega^2-\omega_n^2)}(\omega\sin\omega t-\omega_n\sin\omega_nt),$$

$$\omega_n=\frac{2n+1}{2l}\pi.$$

(2) $u(x,t)=\sum_{n=1}^{\infty}\frac{1}{an\pi}\int_0^l f_n(t-\tau)\sin\frac{an\pi}{l}\tau d\tau\cdot\sin\frac{n\pi}{l}x.$

4. $u(x,t)=\frac{64l^3}{\pi^3}\sum_{n=0}^{\infty}\frac{1}{(2n+1)^3}\left[(-1)^n-\frac{3}{(2n+1)\pi}\right]\cdot e^{-\left(\frac{2n+1}{2l}\pi a\right)^2t}\cos\frac{2n+1}{2l}\pi x.$

5. (1) $u(x,t)=\sum_{n=1}^{\infty}T_n(t)\sin\frac{n\pi}{l}x,$

其中

$$T_n(t)=\frac{2(\omega_n\sin\omega t-\omega\sin\omega_n t)}{\omega_n l(\omega_n^2-\omega^2)}\int_0^l A(\xi)\sin\frac{n\pi}{l}\xi d\xi,\quad \omega_n=\frac{n\pi a}{l},\quad n=1,2,\cdots.$$

(2) $u(x,t)=\frac{A_0}{\omega}\left(t-\frac{1}{\omega}\sin\omega t\right)+\sum_{n=1}^{\infty}\frac{A_n[\omega\sin\omega_n(t)-\omega_n\sin\omega t]}{\omega_n(\omega^2-\omega_n^2)}\cos\frac{n\pi}{l}x,$

其中

$$A_0=\frac{1}{l}\int_0^l A(\xi)d\xi,\quad A_n=\frac{2}{l}\int_0^l A(\xi)\cos\frac{n\pi}{l}\xi d\xi,\quad \omega_n=\frac{n\pi a}{l}.$$

6. (1) $u(x,t)=\left[-\frac{x^3}{6a^2}+\left(\frac{B-A}{l}+\frac{l^2}{6a^2}\right)x+A\right]+\sum_{n=1}^{\infty}C_n e^{-\frac{a^2n^2\pi^2}{l^2}t}\sin\frac{n\pi}{l}x,$

其中

$$C_n=\frac{2}{l}\int_0^l\varphi_1(x)\sin\frac{n\pi}{l}xdx,\quad n=1,2,\cdots.$$

$$\varphi_1(x)=\varphi(x)-\left[-\frac{x^3}{6a^2}+\left(\frac{B-A}{l}+\frac{l^2}{6a^2}\right)x+A\right].$$

(2) $u(x,t)=\frac{A}{a^2\alpha^2}\left[1-e^{-\alpha x}+\frac{x}{\pi}(e^{-\alpha x}-1)\right]+\left\{1+\frac{2A}{a^2\alpha^2}\left[\frac{1}{\pi}(e^{-\alpha\pi}-1)-1+\right.\right.$

$\left.\left.\frac{1}{1+\alpha^2}(1+e^{-\alpha\pi})\right]\right\}e^{-\alpha^2t}\sin t+\sum_{n=2}^{\infty}C_n e^{(n\alpha)^2t}\sin nx,$

其中

$$C_n=\frac{n^2}{n^2-1}+\frac{2A}{a^2\alpha^2}\left\{\frac{(-1)^n}{n}\left[1-\frac{1}{\pi}(e^{-\alpha\pi}-1)\right]+\frac{n}{n^2+\alpha^2}[1-(-1)^n e^{-\alpha\pi}]\right\}.$$

7. $u(\rho,\varphi)=B+\frac{3A}{4}\cdot\frac{R}{\rho}\sin\varphi-\frac{A}{4}\left(\frac{R}{\rho}\right)^3\sin 3\varphi.$

8. $u(x,t)=\frac{2}{l}\sum_{n=1}^{\infty}(A_n\cos\omega_n^2at+B_n\sin\omega_n^2at)\sin\frac{n\pi}{l}x,$

其中

$$\omega_n=\frac{n\pi}{l},\quad A_n=\int_0^l\varphi(\xi)\sin\omega_n\xi d\xi,\quad B_n=\frac{1}{\omega_n^2a}\int_0^l\psi(\xi)\sin\omega_n\xi d\xi.$$

习 题 三

1. $u(x,t)=\frac{1}{2a}[\arctan(x+at)-\arctan(x-at)]$.

2. $u(x,t)=\varphi(x-at)$.

3. $u(x,t)=\frac{1}{2e^{bt}}[\varphi(x+at)+\varphi(x-at)]+\frac{1}{2ae^{bt}}\int_{x-at}^{x+at}[\psi(\xi)+b\varphi(\xi)]d\xi$.

4. $u(x,t)=x+\frac{1}{a}\sin x\sin at+\frac{xt^2}{2}+\frac{at^3}{6}$.

5. $u(x,t)=\psi\left(\frac{x+t}{2}\right)+\varphi\left(\frac{x-t}{2}\right)+\frac{\varphi(0)+\psi(0)}{2}$.

6. $u(x,t)=\varphi\left(\frac{x+at}{2}\right)+\psi\left(\frac{x-at}{2}\right)-\frac{\varphi(0)+\psi(0)}{2}$.

习 题 四

3. $G=\frac{1}{4\pi}\left[\left(\frac{1}{r}-\frac{a}{\rho_0 r_1}\right)-\left(\frac{1}{r_2}-\frac{a}{\rho_0 r_3}\right)\right]$,

其中

$$r_i=\sqrt{(x_i-x_0)^2+(y_i-y_0)^2+(z_i-z_0)^2},\quad i=1,2,3.$$

5. $$u(x,y)=\frac{y}{\pi}\int_0^{\infty}\left[\frac{1}{(\xi-x)^2+y^2}-\frac{1}{(\xi+x)^2+y^2}\right]\varphi(\xi)d\xi+\frac{x}{\pi}\int_0^{\infty}\left[\frac{1}{x^2+(\eta-y)^2}-\frac{1}{x^2+(\eta+y)^2}\right]\psi(\eta)d\eta.$$

6. $$u(\rho,\varphi)=\frac{R^2-\rho^2}{2\pi}\int_0^{\pi}g(\xi)\left[\frac{1}{(\overline{PQ})^2}-\frac{1}{(\overline{P_2Q})^2}\right]\Bigg|_{\eta=R}d\xi+\frac{\rho\sin\varphi}{\pi}\cdot\int_0^R\left\{h(\eta)\left[\frac{1}{(\overline{PQ})^2}-\frac{R^2}{\rho^2(\overline{P_1Q})^2}\right]\Bigg|_{\xi=0}+k(\eta)\left[\frac{1}{(\overline{PQ})^2}-\frac{1}{(\overline{P_2Q})^2}\right]\Bigg|_{\xi=\pi}\right\}d\eta.$$

7. $$u(x,y)=\frac{1}{4\pi}\int_0^{+\infty}\int_{-\infty}^{+\infty}f(x_0,y_0)\ln\frac{(x_0-x)^2+(y_0+y)^2}{(x_0-x)^2+(y_0-y)^2}dx_0dy_0+$$

$$\frac{y}{\pi}\int_{-\infty}^{+\infty}\frac{\varphi(x_0)}{(x_0-x)^2+y^2}\mathrm{d}x_0.$$

习 题 五

6. $u=2r^2(3\cos^2\theta-1)$.

8. (1) $\dfrac{2(l+1)(l+2)}{(2l+1)(2l+3)(2l+5)}$.

(2) ① 当 $l=0$ 时, $I=1$;

② 当 $l=2n(n=1,2,\cdots)$ 时, $I=0$;

③ 当 $l=2n+1(n=1,2,\cdots)$ 时, $I=\dfrac{1}{2n+1}\dfrac{(-1)^n(2n+2)!}{2^{2n+2}[(n+1)!]^2}=\dfrac{(-1)^n(2n-1)!!}{(2n+2)!!}$.

习 题 六

3. (1) $-\alpha J_1(\alpha x)$. (2) $\alpha x J_0(\alpha x)$.

7. $\sum\limits_{i=1}^{\infty}\dfrac{2}{-\lambda_i J_0(\lambda_i)}J_1(\lambda_i x)$.

8. $\sum\limits_{i=1}^{\infty}\dfrac{2}{\lambda_i J_1(\lambda_i)}\left(1-\dfrac{4}{\lambda_i^2}\right)J_0(\lambda_i x)$.

9. $\sum\limits_{k=1}^{\infty}\dfrac{J_1(\lambda_k)}{2\lambda_k J_1^2(2\lambda_k)}J_0(\lambda_k x)$.

11. $u(\rho,z)=\sum\limits_{n=1}^{\infty}\dfrac{2A}{\lambda_n J_1(\lambda_n)\mathrm{sh}\left(\dfrac{\lambda_n}{a}h\right)}\mathrm{sh}\left(\dfrac{\lambda_n}{a}z\right)J_0\left(\dfrac{\lambda_n}{a}\rho\right)$.

12. $u(\rho,t)=\sum\limits_{n=1}^{\infty}\dfrac{4J_2(\lambda_n)}{\lambda_n^2 J_1^2(\lambda_n)}J_0\left(\dfrac{\lambda_n}{R}\rho\right)\cos\dfrac{a\lambda_n}{R}t$.

非齐次方程的解为

$$u(\rho,t)=2BR^2\sum_{n=1}^{\infty}\frac{1}{\lambda_n^3 J_1(\lambda_n)}\left(1-\cos\frac{a\lambda_n}{R}t\right)J_0\left(\frac{\lambda_n}{R}\rho\right).$$

参考文献

[1] 吉洪诺夫,萨马尔斯基.数学物理方程(上册).黄克欧,等,译.北京:人民教育出版社,1961.

[2] 郭敦仁.数学物理方法.2 版.北京:高等教育出版社,1991.

[3] 谷超豪,李大潜,陈恕行,等.数学物理方程.3 版.北京:高等教育出版社,2012.

[4] 胡嗣柱,徐建军.数学物理方法解题指导.北京:高等教育出版社,1997.

[5] 姜礼尚,陈亚浙.数学物理方程讲义.3 版.北京:高等教育出版社,2007.

[6] 李荣华.偏微分方程数值解法.2 版.北京:高等教育出版社,2015.

[7] 李惜雯.数学物理方法典型题解法、技巧和注释.西安:西安交通大学出版社,2001.

[8] 梁昆淼.数学物理方法.5 版.北京:高等教育出版社,2020.

[9] 东南大学数学学院.数学物理方程与特殊函数.5 版.北京:高等教育出版社,2019.

[10] 欧维义.高等数学:第二册.长春:吉林大学出版社,1995.

[11] 欧维义.数学物理方程.2 版.长春:吉林大学出版社,1997.

[12] 四川大学数学学院高等数学、微分方程教研室.高等数学(第四册).4 版.北京:高等教育出版社,2020.

[13] 王竹溪,郭敦仁.特殊函数概论.北京:北京大学出版社,2000.

[14] 吴崇试.数学物理方法.3 版.北京:北京大学出版社,2019.

[15] 吴方同.数学物理方程.武汉:武汉大学出版社,2001.

[16] 柯朗,希尔伯特.数学物理方法Ⅱ.熊振翔,杨应辰,译.北京:科学出版社,2012.

[17] 杨应辰,成如翼,徐明聪.工程数学-数学物理方程 特殊函数(修订版).北京:国防工业出版社,1991.

[18] 斯米尔诺夫.高等数学教程:第三卷,第三分册.叶彦谦,译.北京:人民教育出版社,1956.

[19] 姚端正.数学物理方法学习指导.北京:科学出版社,2001.

[20] 周治宁,吴崇试,钟毓澍.数学物理方法习题指导.北京:北京大学出版社,2004.

[21] 尹景学,王春朋,杨成荣,等.数学物理方程.北京:高等教育出版社,2010.

[22] 陈才生,李刚,周继东,等.数学物理方程.北京:科学出版社,2008.